Suelos contaminados con elementos potencialmente tóxicos.
Un nuevo método de detección

Enrique Saucedo Plata

Para realizar pedidos de este libro, contacte con:
Palibrio
1663 Liberty Drive
Suite 200
Bloomington, IN 47403
Gratis desde EE. UU. al 877.407.5847
Gratis desde México al 01.800.288.2243
Gratis desde España al 900.866.949
Desde otro país al +1.812.671.9757
Fax: 01.812.355.1576
ventas@palibrio.com
636811

ÍNDICE

Capítulo 1 Introducción

El suelo es el sostén de todos los organismos productores de la cadena alimenticia continental. Es por ello que el suelo tiene una importancia biológica de carácter vital para los ecosistemas terrestres y en particular para el género humano. Debido a lo anterior, la degradación y contaminación de este cuerpo natural es uno de los problemas ambientales más severos (INE, 2001).

La contaminación de los suelos está invariablemente asociada a las actividades humanas. Una de las formas en que el hombre altera el ambiente edafológico es incorporando sustancias químicas en cantidades que el sistema del suelo no es capaz de amortiguar (reciclar o almacenar en alguna forma innocua). Una variedad de estas sustancias se conoce como 'elementos potencialmente tóxicos' (EPTs). Estos existen de manera natural en el ambiente, incluyendo el suelo, pero cuando la cantidad añadida por el hombre es mayor a la que el medio edafológico es capaz de amortiguar, pueden tener un efecto tóxico con graves efectos a la salud humana, que van desde enfermedades de la piel hasta la muerte, según el tipo de sustancia (ICMM, 2007).

Una de las actividades humanas que libera al ambiente mayores cantidades de EPTs es la minería. En las zonas mineras se procesa la roca para separar los minerales económicamente útiles de los no remunerativos. A los residuos se les llama jales y se almacenan en presas, a veces de decenas de metros de altura. La granulometría de estos desechos ricos en EPTs es por lo general muy fina, y cuando son abandonados sin tomar medidas de control, el viento y el agua dispersan en el entorno las partículas. En México, los principales EPTs originados por la minería y de mayor importancia pública son el plomo (Pb), arsénico (As), cadmio (Cd), zinc (Zn), selenio (Se) y mercurio (Hg) (Gutiérrez, 1995).

Un depósito de jales, sin embargo, no es suficiente evidencia para suponer que hay peligro por existencia de EPTs en los suelos cercanos. Los EPTs representan un peligro cuando el medio es incapaz de amortiguarlos, generalmente debido a la cantidad en la que se encuentran y a su naturaleza química. El grado en que el suelo puede amortiguar a los EPTs se conoce como concentración o valor umbral, lo cual es la cantidad en peso de una determinada sustancia en que puede estar presente en cada kilo de suelo sin dañar al ambiente. Ahora bien, la concentración umbral de un EPT se calcula a través del valor de fondo, que se refiere a la cantidad que un suelo contiene de forma natural de un EPT determinado. Los valores de fondo son variables a través del espacio debido a las cambiantes características geográficas, principalmente a la litología que origina a los suelos y a la tipología de estos (Allan, 1997).

En México la normatividad ambiental en materia de contaminantes de suelos establece que para identificar zonas contaminadas por EPTs, se debe tomar en cuenta la variabilidad de las concentraciones de fondo a través del territorio (NOM-147-SEMARNAT/SSA1-2004). No obstante, ante la carencia de datos duros a nivel nacional, y la creciente necesidad de los mismos, se requiere de un procedimiento de bajo costo que sirva como primer proveedor de datos generales para la toma de decisiones de autoridades ambientales. En función de esto, en este trabajo se propone una metodología para determinar de manera sencilla y económica el grado de peligrosidad en suelos por EPTs, así como una valoración cualitativa del riesgo ambiental, mediante el cálculo del valor de fondo y concentración de umbral, tal como lo establece la normatividad.

La metodología se basará en el cálculo del índice de peligrosidad que se expresa mediante la fórmula: $IP = CT_{EPT}/VU_{EPT}$ [1]; para la determinación del riesgo se empleará la fórmula: $R = f(P, V)$ [2]

Como caso de estudio, se examinará la Región Minera Parral, en el sur del Estado de Chihuahua, ya que estudios previos identificaron al menos 19'527,678 m^3 de jales con altos contenidos de Plomo —en forma de galena (PbS)–, y Arsénico —en forma de arsenopirita (FeAsS)–, como los principales EPTs expuestos al ambiente de la región (Gutiérrez, 2007). Los daños a la salud asociados a estos elementos van desde cólicos, irritabilidad, dolores musculares hasta cáncer, infertilidad, abortos y perturbaciones al ADN. La zona de estudio abarca aproximadamente 1,964 km2 y hay 130,000 hab. distribuidos principalmente en cuatro ciudades y en varios poblados menores. En esta región minera se extrae principalmente oro (Au), plata (Ag), plomo (Pb), zinc (Zn), cobre (Cu) y fierro (Fe) (SGM, 2007).

La investigación se enfocará a determinar el grado de peligrosidad de los EPTs arsénico (As) y plomo (Pb), y la valoración cualitativa del riesgo que representan a través del área de estudio. Para la representación territorial del fenómeno, se emplearán técnicas cartográficas.

Capítulo 2 Descripción del Área de Estudio

2.1 Ubicación

El área de estudio comprende la zona donde se estima existe una influencia de los residuos mineros de la Región Minera Parral hacia los suelos circundantes, así como una zona aledaña de control para fines comparativos. El área se halla ubicada en el Sur del Estado de Chihuahua y Noroeste del Estado de Durango, abarca porciones de los municipios de San Francisco del Oro, Santa Bárbara, Matamoros, Hidalgo del Parral, Huejotlan y Ocampo, y las ciudades de Santa Bárbara, Hidalgo del Parral y San Francisco del Oro, por mencionar solo las principales. Para fines de este estudio, la zona que se eligió tiene una forma circular, cuyo centro geométrico lo ocupan los jales del Distrito Minero Santa Bárbara (USMB), por tener el mayor volumen de residuos acumulados de la región (LAFQA, 2005). Estos se ubican en las coordenadas 26°49'12.45"N y 105°48'30.94" W, punto a partir del cual se trazó un radio arbitrario de 25 km, que se consideró cualitativamente como el adecuado para obtener una zona tipo que abarcara tanto suelos afectados como suelos en estado de no afectación. La superficie aproximada del área de estudio es de 1,963.5 km², ocupada en su parte occidental principalmente por montañas de hasta 3,011 m, y en el lado oriental por planicies de más de 1,760 m sobre el nivel del mar. Las coordenadas extremas de la zona examinada son 27°02'38"N, 106°03'43"W y 26°35'44"N, 105°33'21"W.

La zona pertenece en su porción central y suroeste a la provincia fisiográfica de la Sierra Madre Occidental, específicamente en la subprovincia de Sierras y llanuras de Durango, mientras que en el extremo noreste, pertenece a la subprovincia del Bolsón de Mapimí en la provincia de las sierras y Llanuras del Norte (INEGI 2000e). Podría considerarse que la zona es la franja de transición entre una provincia y otra. La división entre ambas la suponen la presencia de una sierra al occidente, y una planicie al oriente, aunque en general, existe un predominio de terreno montañoso y semi-accidentado.

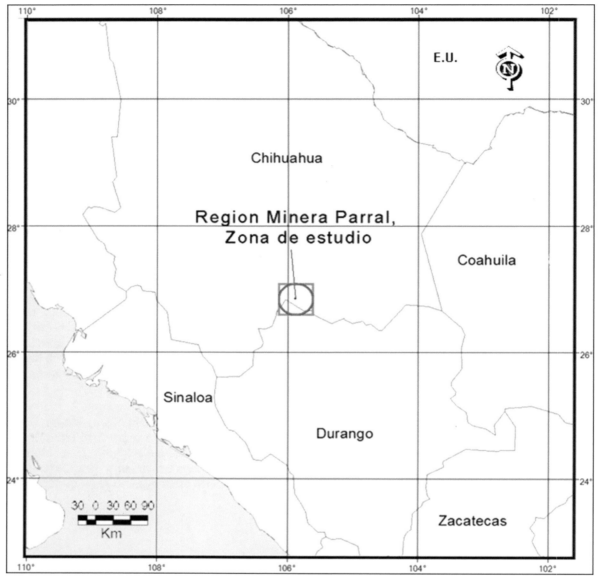

Figura 2.1. Localización de la zona de estudio.

El principal sistema orográfico está integrado por la Sierra Los Azules y la Sierra Roncesvalles, que se localizan en la parte suroeste de la zona de estudio, en cuyo seno se encuentra la Ciudad de Santa Bárbara, y donde los parteaguas sirven de límite natural a los estados de Chihuahua y Durango. Estas sierras penetran a la región con una orientación noreste-suroeste, constituyendo una sola cordillera que recibe varios nombres locales, y a cuyas faldas se extienden lomeríos y pequeñas planicies intermontanas a menudo interrumpidas por cerros de escasa altura. Más al noreste, y de forma casi paralela, otra formación montañosa de menor longitud y altitud recibe el nombre de Sierra La Joya, al sur de la cual se haya el Cerro Borregos y en la misma dirección e inmediatamente después ocupa el paisaje una planicie amplia a través de la cual discurre en época de lluvias el río Santa Bárbara. Esta planicie es conocida como Valle de Parral (INEGI, 2000 e; 1987-1996).

La cordillera que integran las sierras de Los Azules y Roncesvalles se constituye por montañas con pendientes suaves, con altitudes promedio de 2,200 m, alcanza 40 km de largo por 15 km de ancho, con un rumbo N30°W, con altitudes entre 2,000 y 2,500 m. La Sierra La Joya por su parte alcanza altitudes promedio de 2,000 m, la máxima altitud es de 2,350 m, y su ancho es de 13 km aproximadamente.

Las ciudades más importantes que se hallan en la zona de estudio son Hidalgo del Parral, Santa Bárbara y San Francisco del Oro, ordenadas según el número de habitantes en cada una de ellas. Existen otras 112 localidades dispersas, la mayoría de apenas un centenar de habitantes.

Santa Bárbara y San Francisco del Oro se ubican en la porción central del área de estudio, la primera al sur de la segunda, ambas en las laderas orientales de la sierra Los Azules, y divididas entre sí por un grupo de cerros llamados Mesa Morales, Mesa San José y Cerro La Sierpe. Las dos ciudades se encuentran entre laderas de pendientes moderadas y valles de ríos estacionales. Hidalgo del Parral, se halla entre el Cerro Borregos y Sierra La Boca, en una pequeña planicie intermontana con frecuentes colinas bajas.

La Región Minera Parral está integrada por los Distritos Mineros de Parral, San Francisco del Oro y Santa Bárbara. Este último se halla en el centro de la región de estudio, en el sector este de la Ciudad de Santa Bárbara. Ahí se extraen y benefician 6,000 toneladas métricas de mineral por día para producir concentrados de plomo, cobre, zinc y plata (SGM 2007). Los residuos de dicha actividad son los denominados jales, los cuales se almacenan en cuatro presas llamadas Tecolotes, San Diego, Colorados y Noriega. Estas también se ubican en las laderas orientales de la Sierra Los Azules, en zonas ya peniplanas, aún más al este de la Ciudad de Santa Bárbara, pero a menos de 5 km de distancia de la población. El Distrito Minero de San Francisco del Oro tiene una producción de 960,000 t/año de concentrados de plomo, zinc y plata. Los residuos se almacenan en una presa de jales al norte de la ciudad homónima, pendiente abajo. El Distrito Minero de Parral, ahora inactivo, producía 31,000,000 t/año de plata, plomo y zinc. Tiene un único depósito de jales, al NE de Hidalgo del Parral (SGM 2007).

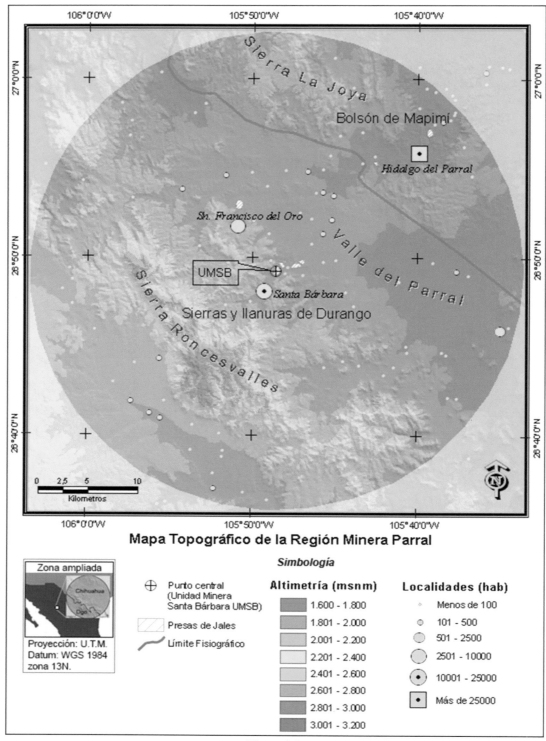

Figura 2.2.

2.2 Medio Físico

2.2.1 Geología

En la región se tienen yacimientos de oro, plata, plomo, zinc, cobre y fierro, en minerales de Argentita (Ag$_2$S),

Galena (PbS), Esfalerita (ZnS), Calcopirita ($FeCuS_2$), Pirita (FeS_2) y Arsenopirita (FeAsS), como los más importantes (SGM 2007). La litología está compuesta mayoritariamente por rocas volcánicas ácidas originadas durante el Oligoceno. La superficie que cubren dichas rocas abarca alrededor del 40% total del área investigada, ubicándose tanto en las porciones este y oeste, con mayor expresión en las cumbres de las Sierras los Azules y Roncesvalles, pero también en las zonas ocupadas por colinas y valles de las porciones sureste y noroeste.

Al suroeste de la región, un espacio ocupado por lomeríos y barrancos que en realidad no son sino las laderas bajas de otro sistema orográfico paralelo al ya tratado aquí, se halla ocupado por conglomerado polimíctico, con la salvedad del valle por el cual discurre el río colector de las aguas de las laderas, y cuya material principal es el aluvión. Algunas colinas de los márgenes son basálticas, pero estas afloraciones puntuales están dispersas y entrelazadas con los conglomerados que mayoritariamente cubren a los residuales del basalto.

La cordillera local que recibe los nombres de Sierra Roncesvalles al sur y Azules en el norte, atraviesa la zona de estudio de noroeste a sureste, mientras que paralelamente a esta pero más al oeste, otro pequeño conjunto de cerros ocupa casi el mismo espacio pero con topografía sensiblemente más abatida, de menores alturas y menor inclinación de pendientes. Estas estructuras tienen dos tipos de rocas según la orientación de sus laderas. Las laderas occidentales se hayan compuestas totalmente de Tobas riolíticas y riolitas. Por otro lado, las laderas orientales están ocupadas por una franja de Lutita-caliza y en las cumbres de algunos cerros menores, se hallan rocas basálticas y andesitas. Los barrancos y valles se hayan ocupados por aluvión.

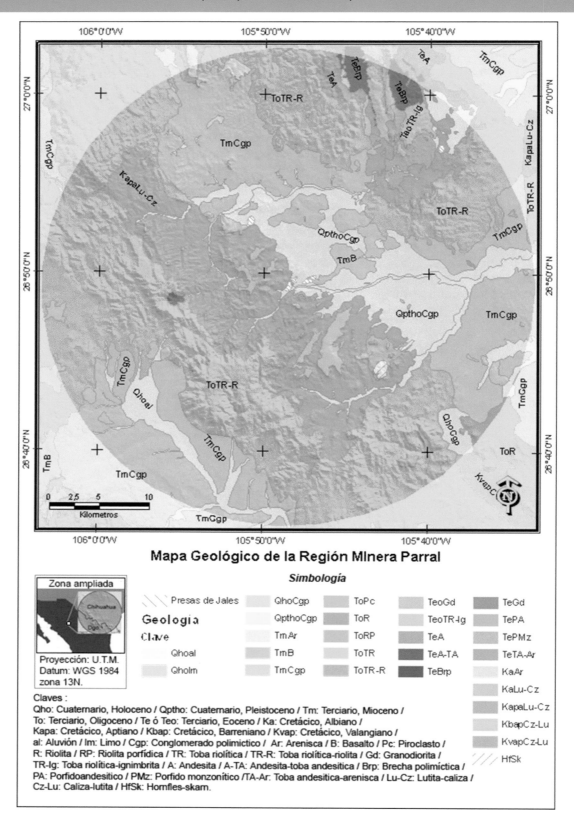

Mapa Geológico de la Región Minera Parral

Simbología

Zona ampliada

Proyección: U.T.M.
Datum: WGS 1984
zona 13N.

Presas de Jales

Geologia
Clave

Qhoal
Qholm

QhoCgp
QpthoCgp
TmAr
TmB
TmCgp

ToPc
ToR
ToRP
ToTR
ToTR-R

TeoGd
TeoTR-Ig
TeA
TeA-TA
TeBrp

TeGd
TePA
TePMz
TeTA-Ar
KaAr
KaLu-Cz
KapaLu-Cz
KbapCz-Lu
KvapCz-Lu
HfSk

Claves :
Qho: Cuaternario, Holoceno / Qptho: Cuaternario, Pleistoceno / Tm: Terciario, Mioceno /
To: Terciario, Oligoceno / Te ó Teo: Terciario, Eoceno / Ka: Cretácico, Albiano /
Kapa: Cretácico, Aptiano / Kbap: Cretácico, Barreniano / Kvap: Cretácico, Valangiano /
al: Aluvión / lm: Limo / Cgp: Conglomerado polimictico / Ar: Arenisca / B: Basalto / Pc: Piroclasto /
R: Riolita / RP: Riolita porfídica / TR: Toba riolítica / TR-R: Toba riolítica-riolita / Gd: Granodiorita /
TR-Ig: Toba riolítica-ignimbrita / A: Andesita / A-TA: Andesita-toba andesitica / Brp: Brecha polimíctica /
PA: Porfidoandesitico / PMz: Porfido monzonítico /TA-Ar: Toba andesitica-arenisca / Lu-Cz: Lutita-caliza /
Cz-Lu: Caliza-lutita / HfSk: Hornfles-skarn.

Figura 2.3.

Más al norte, en el extremo noroeste de la región, la tobas riolíticas y el conglomerado polimíctico dominan la litología local.

Entre la cordillera occidental y las montañas del este hay espacio de unos 12 km que ocupan al norte colinas y al sur una planicie que se extiende hasta el sureste de la región de estudio. En la parte que corresponde a las colinas, la litología dominante son las Tobas riolíticas y en mayor grado el conglomerado polimictico. La presencia del arroyo Parral divide en dos las dominantes litológicas, ya que luego de los aluviones originados por este, se hallan también conglomerados polimicticos, y basaltos de menor significancia, también del Mioceno. Todavía más al sur, el arroyo Santa Bárbara vuelve a invertir la edad de los conglomerados polimicticos. También la presencia de colinas suaves, se ve reflejada en la litología por la existencia de tobas riolíticas y Caliza-lutitas en esas pequeñas áreas.

Las Montañas del Noreste son las más complejas en su litología, pues presentan una variedad de afloramientos concentrados en relativamente poco espacio. La Sierra La Joya está formada por toba riolítica, andesitas y brecha polimictica, con algunas cumbres conformadas de lutita y caliza, además de pequeños valles con limo.

Más al sur, en las colinas que ocupa la ciudad de Hidalgo del Parral, se hallan pórfidos monzoníticos y lutitas-calizas, divididas por aluviones del arroyo Parral. Las lutitas-calizas forman una especie de media luna que rodea a la urbe, de modo que al sur de esta también se encuentras estas afloraciones.

En dirección sur y después de las rocas mencionadas arriba, la litología vuelve a ser dominada por las tobas riolíticas del Oligoceno.

La columna estratigráfica del distrito minero Santa Bárbara está compuesta por una gruesa sección de sedimentos cretácicos plegados que son intrusionadas por rocas volcánicas del terciario. Los sedimentos cretácicos se agrupan bajo el nombre informal de formación parral, la cual está compuesta por una secuencia monótona de lutitas calcáreas y carbonáceas cuyo espesor conocido es del orden de mil metros. Se presentan además intercalaciones de calizas de grano fino. Las rocas volcánicas son andesitas y riolitas, coronadas por mesas de basalto.

Localmente, el plegamiento de la formación parral adopta la forma de una anticlinal asimétrico de buzamiento suave, con echados entre 15 a 30° generalmente, y con su eje orientado N 30° W. Es común la presencia de pliegues menores recostados.

El aluvión es el material predominante dentro de los cauces de los principales arroyos, llegando a tener un espesor promedio de 12 m en la zona del Río Santa Bárbara. Las pizarras que se encuentran en esta misma zona son producto del metamorfismo regional sobre las lutitas del Cretácico inferior. Se observan rocas ígneas que rodean las zonas en donde se ubican las vetas y los diques (SGM 2003; 2007; 1999-2000; INEGI 2004b).

2.2.2 Hidrología

El área de estudio se ubica dentro de la cuenca del Bravo-Conchos en la región hidrológica 24, y ocupa porciones tanto de la subcuenca del río Florido como de la subcuenca de la Presa La Colina. La divisoria de aguas entre ambas subcuencas atraviesa diagonalmente a la región de oeste a norte, ubicándose al noroeste los afluentes del Florido, mientras que al centro y sureste los afluentes de la Presa La Colina (CNA 1998).

La totalidad de las corrientes de agua de la zona son arroyos estacionales que únicamente en época de lluvias tienen agua. En los flancos de la Sierra santa Bárbara, se origina un arroyo del mismo nombre, y que es afluente del río Valle. Al río se le incorporan en su curso algunos otros arroyos, como son: Vaqueritos, de las Brujas, San Antonio y San Lorenzo. Estos se encuentran en la zona de influencia directa de las presas de jales, de ahí su importancia.

La región además cuenta con pequeños ojos de agua o manantiales como: Ojo Caliente, Casa Colorada, San Rafael y Ojo de Villa López.

En lo que se refiere a aguas subterráneas, el acuífero Parral-Valle del Verano ocupa la porción central de la región de estudio, cubriendo un área de 1,620 km^2 aproximadamente. La extracción de aguas subterráneas del acuífero Parral-Valle del Verano, es de poco menos de 20 millones de m^3/año, de los cuales 6.8 son bombeados de las minas y los 13 restantes del acuífero, y cuyos usos principales son el industrial (50%), agrícola (45%) y doméstico (5%) (CNA 2002).

El acuífero se subdivide geohidrológicamente en tres unidades: la Unidad I que corresponde a la subcuenca del arroyo Santa Bárbara; la Unidad II que corresponde a la subcuenca del arroyo Parral, y la Unidad III que se refiere a la subcuenca del río Primero.

La Unidad I obtiene sus aguas de la sierra Los Azules y Cerro Alto, y se constituye por aluvión y conglomerados. La Unidad II se recarga de la sierra Los Azules y cerro Peñasco Blanco, tanto por afluentes superficiales como por flujo subterráneo; está formada por conglomerados aluviales y por calizas-lutitas en la parte oriental. La Unidad III recibe aguas de la sierra Roncesvalles y está conformada por aluvión y rocas ígneas extrusivas ácidas.

Al sureste de la zona de estudio el nivel freático alcanza profundidades mayores a 40 m desde donde disminuyen paulatinamente hacia el centro hasta alcanzar profundidades de 10 m, a la altura del poblado Villa de Matamoros y a lo largo del río Santa Bárbara. Al norte del río Santa Bárbara se encontraron profundidades del orden de los 12 m. En la confluencia del arroyo Roncesvalles con el río Santa Bárbara el nivel freático alcanzaba menos de 10 m. Cerca de los jales, las mediciones de la profundidad de los niveles del agua subterránea indicaron variaciones de 1-3m en los márgenes del arroyo Santa Bárbara y hasta los 18 m en las postrimerías del valle del Parral, localizado al oriente de los jales. Gutiérrez y Romero reportaron en 2007 que las concentraciones de los EPT solubles en estas aguas fueron bajas (Pb < 0.07 mg/l, As ≤ 0.05 mg/l, Cu < 0.02 mg/l, Cd ≤ 0.2 mg/l, Zn ≤ 2.0 mg/l y Fe <0.25 mg/l) (Gutierrez 2007).

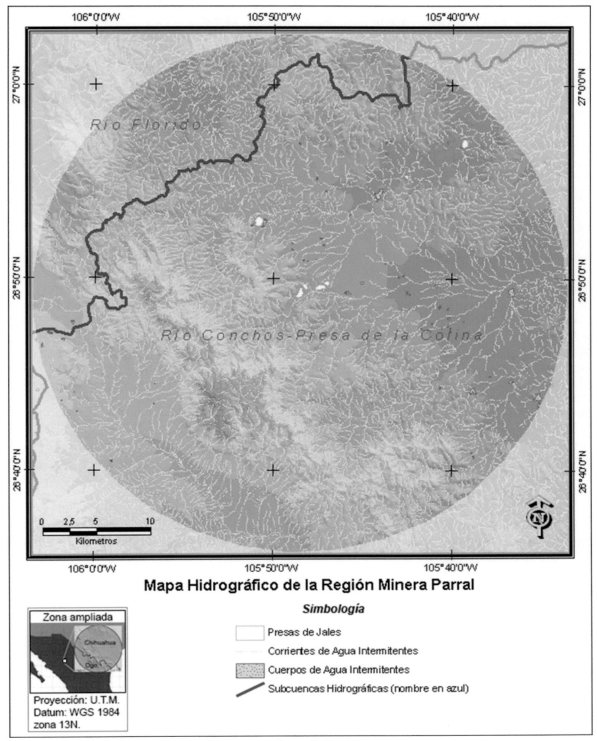

Figura 2.4.

2.2.3 Edafología

Dentro de la región existe una variedad de tipos de suelos, cuya mayor diversidad se localiza en la zona del valle de Parral.

En las zonas serranas se distinguen suelos litosoles, comunes en regiones montañosas, que se caracterizan por ser poco profundos y de origen reciente. Existen dos factores principales para que estos suelos se desarrollen: la dureza de la roca y la inclinación de la pendiente (INEGI 2004a).

En las colinas del centro predominan los vertisoles, que se caracterizan por ser suelos con alto contenido mineral, de 50 cm de profundidad y con 30% de arcilla en todos sus horizontes. Las condiciones que dan lugar a su desarrollo son un clima con estación húmeda y seca extremosas. Además, estos suelos se localizan en partes altas, que se intemperizan para formar una cantidad de arcilla necesaria para su consolidación.

Los suelos litosoles, feozem, regosoles y xerosoles se distribuyen en la región sur y sureste (INEGI 2000c). Los feozem se caracterizan por su color oscuro y un alto grado de lixiviación. El regosol es un suelo delgado, al cual se le considera contraparte del litosol, ya que descansa sobre roca blanda; se desarrolla en depósitos no consolidados.

Los xerosoles que también se hallan al Este, predominan en regímenes áridos, tienen una gran cantidad de arcilla y en menor proporción, limos y arenas finas. La mayoría de los procesos que se desarrollan sobre este tipo de suelo son lentos, como consecuencia de la escasez de agua. Lo anterior provoca una cubierta vegetal rala, lo que contribuye a la deflación y arrastres rápidos, estos procesos dan como resultado concentración de grava en la superficie. Los xerosoles predominan en regiones planas o ligeramente onduladas, su color varía del pardo al rojizo; el uso que se les da generalmente es de pastoreo reducido, por la falta de agua. Las corrientes o arroyos que se pueden desarrollar en este tipo de suelos contienen un elevado índice de sales disueltas (INEGI 2004a).

En la región sur sureste, se asocian los xerosoles y feozems con pequeñas áreas cubiertas por rendzinas, los cuales se desarrollan en un material parental que contiene un 40% de carbonato de calcio, que generalmente es una piedra caliza suave. Su color es oscuro, pero presenta problemas para su uso agrícola por resultar poco profundos. Al noreste se ubican suelos de tipo rendzina, que se forman sobre una roca madre carbonatada, como la caliza, y suelen ser fruto de la erosión.

En el oeste, los suelos planosoles ocupan una porción marginal. Se asocian a terrenos llanos, estacional o periódicamente inundados, de regiones subtropicales, templadas, semiáridas y subhúmedas con vegetación de bosque claro o pradera. El material original lo constituyen depósitos aluviales o coluviales arcillosos. Estos suelos se caracterizan por una capa subsuperficial de acumulación de arcilla.

En algunos ríos y arroyos se identifican los fluvisoles, que son los sedimentos que forman el lecho y las riveras de los cauces, que se caracterizan por acumular el material de arrastre de las zonas mineralizadas de las sierras que se ubican al oeste (Buol 1990).

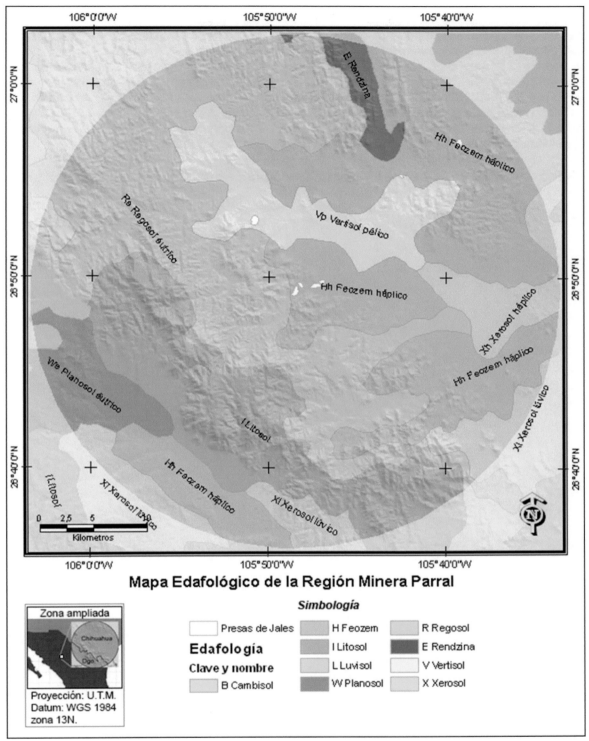

Mapa Edafológico de la Región Minera Parral

Figura 2.5.

2.2.4 *Clima*

Con base a la clasificación de Koppen modificada por García, el tipo de clima del oriente y centro de la región, es BS1kw(w)(e'), es decir semiseco templado con lluvias en verano y escasas a lo largo del año con precipitación invernal menor al 5% muy extremoso. Las temperaturas que se registran van del promedio anual que es de 15.7°C, a la máxima de 39°C y mínima de -9.6°C. La precipitación anual es de 500 mm. Los vientos dominantes son del SE, S y SW, con 17% de calmas y una velocidad de 2 a 4 m/s cuando los hay (ANM 2000). Conforme aumenta la altitud por la presencia de la sierra los Azules, el clima cambia gradualmente a C(w0) o sea, templado subhúmedo con lluvias en verano y precipitación del mes más seco menor a 40 mm; y en las cumbres C(E)(w1), es decir, semifrío subhúmedo con lluvias en verano con precipitación invernal escasa.

La evaporación se encuentra entre 2,292.6 y 2,683.7 mm, lo que indica un régimen de evapotranspiración aproximadamente cuatro veces mayor al de precipitación (INEGI 2000d; 2004c).

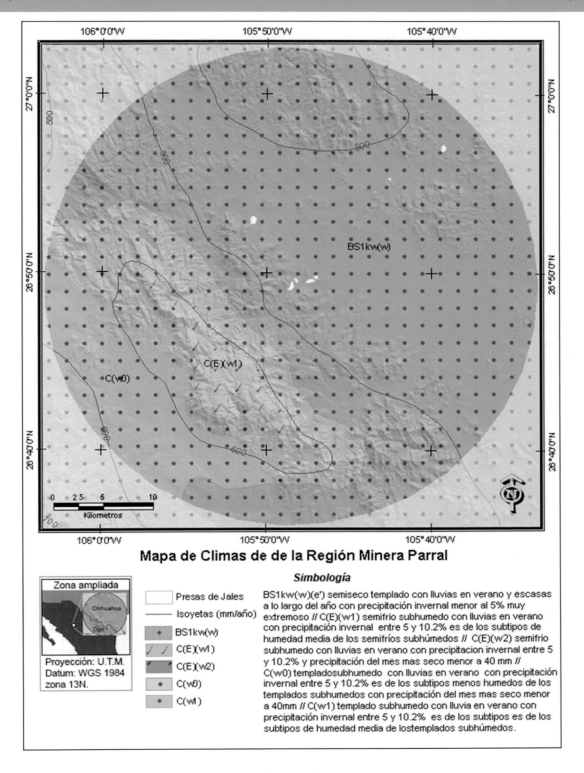

Figura 2.6.

2.2.5 Uso de Suelo y Vegetación

Con respecto al tipo, uso y vegetación que tiene sostienen los suelos locales, es importante señalar que al igual que las regiones semiáridas del norte de México, predominan los pastizales naturales. De acuerdo con el mapa de vegetación y uso actual de suelo del INEGI, existen también otros tipos de cubierta vegetal dentro de la Región Minera Parral. Los dos más característicos, por el área que cubren, son bosque de pino y el bosque de encino, muchas veces asociados entre sí. El bosque en general se encuentra actualmente en peligro debido al desmonte que es llevado a cabo. En la zona montañosa, donde predomina el área boscosa, se ubican áreas cubiertas por pastizal inducido, que se utiliza para pastoreo de bovinos. En observaciones realizadas con imágenes de satélite se nota que en algunas laderas de cerros la densidad del área boscosa disminuye.

También existe en la zona matorral desértico espinoso, característico de climas secos extremosos. Esta vegetación se ubica principalmente en las colinas centrales.

La agricultura de temporal se desarrolla en manchones de áreas reducidas –por estar condicionada por las características climáticas– pero dispersas en gran parte del área de estudio, particularmente en las colinas que suceden a las laderas bajas de la Sierra Los Azules. La agricultura de riego y riego eventual, ocupa porciones cercanas a los cuerpos de agua y planicies, por lo que su presencia es limitada. Puede encontrarse ésta en las orillas de Hidalgo del Parral y al este de la región a las márgenes del río Peinado y otros arroyos intermitentes (INEGI 1999).

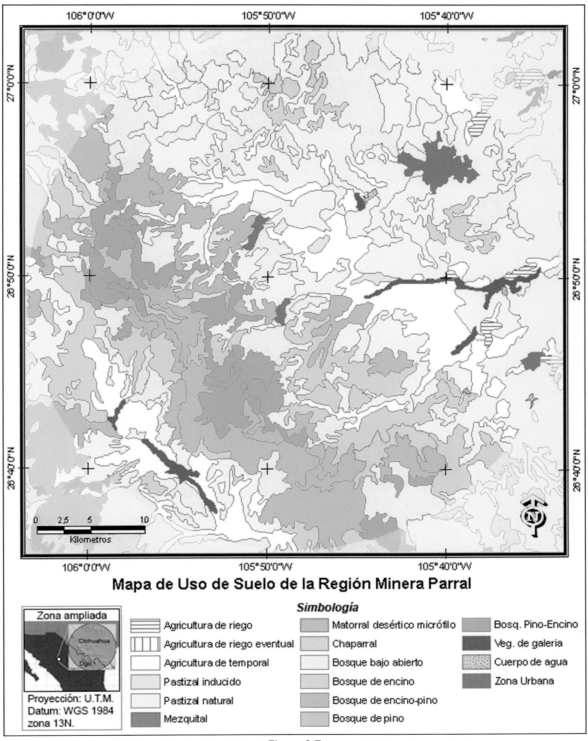

Mapa de Uso de Suelo de la Región Minera Parral

Figura 2.7.

2.2.6 Población

En la región de estudio se estima que haya cerca de 140,000 habitantes, de los cuales la gran mayoría –poco más del 80%– vive en la ciudad de Hidalgo del Parral, y otro 15% en las ciudades de Santa Bárbara y San Francisco del Oro, mientras que el resto de la población habita en 113 localidades de menos de 200 habitantes, con la única salvedad de Villa de Mariano Matamoros, que tiene poco menos de 3000 hab.

En general, la población que alberga la zona de estudio se dedica a las actividades agropecuarias, salvo en las ciudades, donde la mayor parte de la población económicamente activa se dedica a actividades terciarias como el comercio y en el caso de las poblaciones de Santa Bárbara, Hidalgo del Parral y Sn. Francisco del Oro, a actividades relacionados con industrias, sobre todo las mineras.

La presencia humana en el área de estudio es baja en cuanto a presencia física, pero muy alta en cuanto a impacto y superficies ocupadas para actividades humanas. Aunque en general las zonas abrutas montañosas y serranas carecen de población –en contraposición a las zonas de laderas bajas, colinas y planicies– los impactos humanos sobre el paisaje son sensibles (INEGI 2000a; 2000b; Perez-Guzmán 1994).

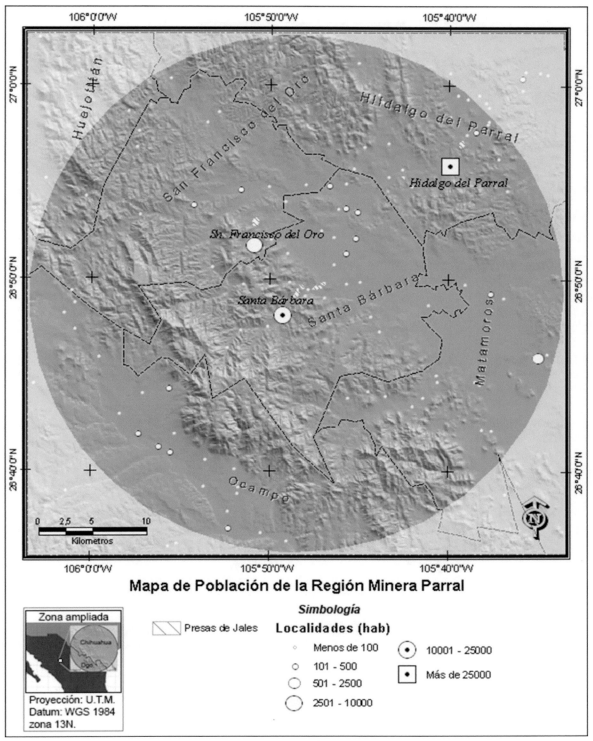

Mapa de Población de la Región Minera Parral

Figura 2.8.

Capítulo 3 Marco conceptual

3.1 El Suelo

El suelo es la capa más superficial de la corteza terrestre en donde interactúan los minerales con los organismos y la atmósfera. Es soporte físico y nutrimental de una gran variedad de tipos de vida, entre ellos la vegetación, y a través de esta, del resto de la cadena alimenticia continental incluyendo al género humano.

Los suelos se originan de manera natural por la combinación de cinco factores denominados "formadores de suelo": roca o material parental, clima, organismos, relieve y tiempo. Estos factores intercambian materia y energía, dando lugar a diversos procesos físicos, químicos y biológicos, responsables no solo de originar al suelo, sino de transformarlo continuamente y variar su morfología y propiedades.

El suelo, a pesar de ser considerado comúnmente como un sólido, en realidad esta constituido de los principales estados de la materia en la superficie terrestre, que son conocidos como las "fases" sólida, líquida y gaseosa. La fase sólida puede dividirse en partículas minerales y materia orgánica; la cantidad de cada uno de ellos depende de los procesos particulares de cada tipo de suelo y de la conjugación de factores como el clima y relieve, por citar un ejemplo.

La fase líquida corresponde al agua y los nutrimentos disueltos en ella; es crucial en la vida de los organismos, especialmente de las plantas, ya que es el medio por el cual absorben los nutrientes. Además, mediante ella, se efectúan los intercambios y flujos de materia entre las capas de suelo.

La fase gaseosa incluye oxígeno, dióxido de carbono, nitrógeno, y otros gases provenientes de la atmósfera o de la actividad orgánica. Al igual que la fase líquida ocupa los espacios vacíos o poros que existen entre las partículas de la fase sólida. La composición de esta fase determina en gran medida el tipo de microorganismos que habitarán el suelo, los cuales se encargan, entre otras cosas, de la producción de materia orgánica como el humus, que a su vez es fuente de alimento de plantas.

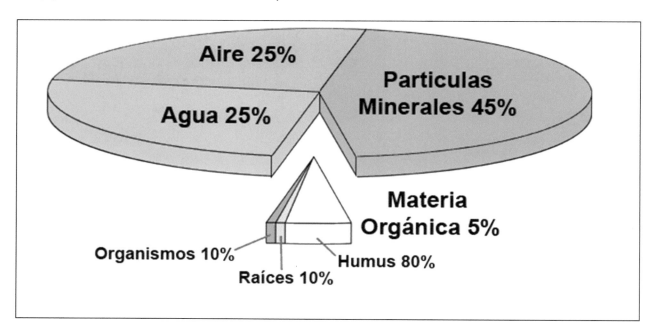

Figura 3.1. Los suelos tienen cuatro componentes básicos: partículas minerales, aire, agua y materia orgánica. Esta última puede ser además subdividida en humus, raíces, y organismos vivientes. Los valores dados son de un suelo promedio. Fuente: Elaboración propia con base en Pidwirny, 2006

El humus es en una sustancia química soluble producto de la descomposición de la materia orgánica, efectuada principalmente por hongos y bacterias. Otros organismos más grandes, como las lombrices, redistribuyen verticalmente el humus por medio de las cavidades que van construyendo.

La actividad de los organismos en el suelo es muy importante debido a que mezclan materiales e introducen aire al suelo. La mayor porosidad, debido a la mezcla y aereación, incrementa el movimiento de aire y agua desde la superficie del suelo hacia las capas más profundas, donde residen las raíces. Incrementando la disponibilidad de agua y aire a las raíces se obtienen efectos significativamente positivos en la productividad de las plantas (Volke, 2005).

Cuando el agua se mueve debajo del suelo, causa translocaciones tanto mecánicas como químicas de minerales. La remoción de sustancias del perfil del suelo se produce habitualmente por la infiltración del agua. Las sustancias infiltradas a menudo acaban en las aguas subterráneas y luego viajan en corrientes subterráneas hasta cuerpos de agua como ríos, lagos u océanos. Este es un medio de transporte particularmente sensible a los EPTs, ya que a través de él, las sustancias contaminantes pueden dispersarse por el entorno inmediato.

Por otro lado, la depositación de partículas o sustancias disueltas a una capa inferior dentro de un mismo perfil de suelo es llamada iluviación. El movimiento de finas partículas minerales o sustancias disueltas en una capa superior del perfil del suelo es llamado eluviación. Mediante estas traslocaciones, los EPTs pueden migrar a distintas profundidades.

Los suelos tienen un gran número de reacciones químicas orgánicas e inorgánicas. Muchas de esas reacciones dependen de algunas propiedades químicas del suelo. Una de las más importantes propiedades químicas que influyen en las reacciones en un suelo es el pH. El pH del suelo es controlado por la concentración de iones de hidrógeno libre, los cuales son producidos por el tipo de minerales presentes, el intemperismo, la humificación (descomposición de la materia orgánica) y por la actividad de las raíces de plantas. Los suelos con una relativamente alta concentración de iones hidrogeno tienden a la acidez, mientras que los que tienen una relativamente baja concentración de iones hidrógeno tienden a la alcalinidad. La fertilidad del suelo es influenciada en parte por el pH a través de la solubilidad de muchos nutrientes. En un pH menor a 5.5, muchos nutrientes se vuelven muy solubles y son rápidamente infiltrados y perdidos del perfil del suelo. En un pH más alto de 8, los nutrientes se vuelven insolubles y las plantas no pueden extraerlos fácilmente. La máxima fertilidad del suelo ocurre en el rango de 6.0 a 7.2 (Pidwirny 2006).

La mayoría de los suelos tienen un perfil o secuencia de capas horizontales distintos. Generalmente, estos horizontes resultan de los procesos de intemperismo químico, eluviación, iluviación y descomposición orgánica. En un suelo típico están presentes cinco capas u horizontes: O, A, B, C y R (Strahler 1989).

El horizonte O u horizonte orgánico, es la capa externa de la mayoría de los suelos. Está formado por acumulaciones de materia orgánica, principalmente tejidos vegetales a varios niveles de descomposición y humus. Casi no contiene partículas minerales.

El horizonte A se halla debajo del horizonte O, salvo en el caso de algunos suelos poco desarrollados donde es la primera capa. Esta capa está compuesta principalmente de partículas minerales, las cuales tienen dos características: es la capa donde el humus y otros materiales orgánicos son mezclados con partículas minerales, y es la zona de traslocación desde la que la eluviación remueve las más finas partículas y sustancias solubles, las cuales pueden ser depositadas en una capa inferior. Por lo tanto, el horizonte A es de color oscuro y usualmente fino en textura y con alta porosidad. El horizonte A es comúnmente diferenciado en una oscura capa superior de acumulación orgánica, y una capa inferior que muestra pérdidas de material por eluviación.

El horizonte B es una capa de suelo mayormente mineral influenciada poderosamente por la iluviación. Consecuentemente, esta capa recibe materiales eluviados del horizonte A. el horizonte B también tiene una alta densidad en comparación con el horizonte A debido al enriquecimiento de partículas de arcilla. El horizonte B puede ser coloreado por óxidos de hierro y aluminio o por carbonato de calcio iluviado desde el horizonte A.

El horizonte C está compuesto de material parental intemperizado. La textura puede ser muy variable con partículas que van desde pedruscos hasta arcilla. El horizonte C no ha sido influenciado significativamente por los procesos pedogenéticos, traslocación, y/o modificación orgánica.

La capa final en un perfil de suelo típico es llamada el horizonte R. Esta capa de suelo simplemente consiste en roca no intemperizada (Buol 1990).

3.2 Contaminación del Suelo

La contaminación del suelo es la adición a éste de compuestos químicos, sales, materiales radioactivos o elementos potencialmente tóxicos, a un ritmo superior al que el medio puede dispersarlos, descomponerlos, reciclarlos o almacenarlos en alguna forma innocua. Cuando tales sustancias se concentran dentro de un área, tienen efectos adversos en el crecimiento y salud de las plantas y animales, incluyendo al hombre e interfieren negativamente con los ecosistemas en general (ICMM, 2007).

La ocurrencia de este fenómeno está altamente correlacionada con las actividades humanas desde que los primeros grupos de personas se congregaron y permanecieron por un largo tiempo en el mismo lugar. Actualmente, el grado de industrialización y el uso intensivo de químicos, la aplicación de pesticidas, así como la percolación de aguas superficiales contaminadas, infiltración de líquidos desde basureros o la descarga directa de desechos industriales sobre el suelo, son algunos de los ejemplos más representativos de este tipo de contaminación. Los químicos involucrados más comunes son los solventes, pesticidas, el plomo, arsénico y otros elementos potencialmente tóxicos. La importancia de la contaminación del suelo radica principalmente en la atención a los riesgos a la salud, tanto por contaminación directa como por ser una fuente potencial de contaminación de reservas de agua subterránea (Volke, 2005).

Cada contaminante tiene una diferente interacción con un dado tipo de suelo, debido a que los suelos tienen un amplio espectro de capacidad de sorción. Por ejemplo, algunos contaminantes pueden infiltrarse a través de suelos arenosos y moverse a acuíferos profundos, mientras que en suelos arcillosos pueden sorberse con relativa facilidad. La mayoría de la contaminación del suelo es el resultado de la adherencia de contaminantes a las superficies de las partículas de suelo o su almacenamiento en las cavidades entre partículas (Allan, 1997).

La presencia de contaminantes en el suelo es de gran interés público, ya que algunos han sido identificados como cancerígenos o pueden acumularse en el medioambiente con efectos tóxicos en los ecosistemas. Ciertos de estos químicos son llamados Elementos Potencialmente Tóxicos (EPTs), porque su toxicidad depende de su cantidad y del medio receptor. El zinc por ejemplo, es un nutriente natural de las plantas y se encuentra en todos los tejidos vegetales y animales; pero administrado en abundancia, es dañino para la vida.

A pesar de que la exposición humana a estas sustancias es principalmente por inhalación o por beber agua contaminada, los suelos juegan un rol importante debido que afectan la movilidad y el impacto biológico de esas toxinas (Encyclopædia Britannica 2008a; 2008b; 2008c).

3.2.1 Contaminación del suelo por Elementos Potencialmente Tóxicos

En el planeta, los EPTs son ubicuos desde el núcleo hasta la atmósfera, y en casi todos los casos son un componente fundamental de la vida y de los ecosistemas. No obstante que los EPTs en su mayoría se hallan en concentraciones naturales muy bajas en el medio ambiente, actualmente hay un rápido incremento de la concentración de los EPTs y otras sustancias contaminantes en el suelo, debido al ritmo acelerado de extracción de minerales y combustibles fósiles y por los procesos industriales asociados al desarrollo de las tecnologías de explotación. Este cambio súbito expone a la biosfera a un riesgo de desestabilización, ya que los organismos se han desarrollado en condiciones de bajas concentraciones de ciertos elementos como plomo, arsénico, mercurio y cadmio, y no han desarrollado capacidades bioquímicas para desintoxicarse cuando estos metales están en altas concentraciones.

La toxicidad individual de los EPTs es variable en cada caso, pero la interacción con las moléculas biológicas se puede englobar de la siguiente manera:

1. desplazamiento de un nutriente ligado a una biomolécula por un EPT.

2. daño de un EPT a una biomolécula que bloquea la participación de ésta en la bioquímica del organismo

3. modificación en la conformación de la biomolécula que es crítica para su funcionamiento bioquímico.

Todos estos mecanismos están relacionados a la compleja interacción entre un EPT y una biomolécula, lo que implica que la toxicidad se origina en la interferencia con la química normal de las biomoléculas (ICMM, 2007).

La toxicidad de los EPTs, depende en gran medida de dos factores conocidos como geodisponibilidad y biodisponibilidad, que a su vez están controlados tanto por la química intrinseca de la sustancia, así como por el medio receptor.

La geodisponibilidad es la porción de la sustancia que puede disolverse en agua y ser transportada a otras zonas, incluyendo suelos o mantos freáticos; o bien, la porción de la sustancia que puede volatilizarse y transportarse por la atmósfera.

La biodisponibilidad, es la fracción de la sustancia que puede ser absorbida por los seres vivos, y generalmente se asocia con su solubilidad. La biodisponibilidad puede variar según el tipo de organismos que están expuestos.

Ambos conceptos están estrechamente relacionados porque los organismos están muy expuestos a los EPTs altamente geodisponibles, sobre todo cuando se transportan a través del agua y suelo, y en menor grado, cuando se transportan en el aire (LAFQA 2005).

El suelo tiene sus propios mecanismos naturales para contrarrestar la acción contaminante de los EPTs. Por ejemplo, el humus puede actuar como mecanismo de desintoxicación, mediante el bloqueo de la reactividad de los EPTs, formando fuertes complejos con el humus, lo que reduce significativamente la solubilidad del contaminante y su movimiento hacia el agua subterránea. Así como las propiedades de los metales tóxicos lleva a asociaciones irreversibles con biomoléculas y su consecuente daño de las funciones bioquímicas, también lleva a la efectiva inmovilización de los mismos por las sustancias húmicas.

También los mismos microorganismos del suelo, particularmente las bacterias, en algunos casos usan a ciertos EPTs como fuentes de energía, descomponiendo los compuestos y amortiguando su toxicidad. Sin embargo, la complejidad de los procesos de descomposición y la toxicidad inherente de los compuestos contaminantes, puede llevar a un largo tiempo de residencia de estos en el suelo, desde años hasta décadas (Allan, 1997).

Principales EPTs contaminantes del suelo	Fuentes comunes
Antimonio (Sb)	Productos de metal, pinturas, cerámicas, caucho
Arsénico (As)	Minería, Insecticidas
Berilio (Be)	Aleaciones de metales
Cadmio (Cd)	Minería, metales galvanizados, caucho, fungicidas
Cobre (Cu)	Minería, Productos de metal, pesticidas
Cromo (Cr)	Minería, aleaciones de metales, pinturas
Mercurio (Hg)	Productos con clor-alkali, equipos eléctricos, pesticidas

Níquel (Ni)	Aleaciones de metales, baterías
Plata (Ag)	Minería, aleaciones de metales, productos fotográficos
Plomo (Pb)	Minería, partes de automóviles, baterías, pinturas, combustibles
Selenio (Se)	Productos electrónicos, vidrio, pinturas, plásticos
Talio (Tl)	Aleaciones de metales, equipos eléctricos
Zinc (Zn)	Minería, metales galvanizados, partes de automóviles, pinturas

Tabla 3.1 Fuente: Elaboración propia con datos de Encyclopædia Britannica, 2007.

La contaminación en el suelo por EPT´s ocurre si la concentración total (CT) es mayor al valor de umbral (VU).

Contaminación CTEPT > VUEPT

La concentración total (CT) es la masa de un elemento químico, por unidad de masa del suelo, usualmente expresada en mg/kg o en partes por millón (ppm), siendo ambas equivalentes. La concentración total indica la cantidad que hay de un determinado elemento químico en un suelo o sedimento, independientemente de que su origen sea natural o antropogénico. Esta medición se realiza en laboratorio mediante un proceso denominado digestión y complementado por otros análisis entre los que destaca la técnica de espectroscopía de absorción atómica.

El valor de fondo (VF), indica la cantidad de un elemento químico existe de forma natural en un suelo determinado. Implica un estado de no contaminación, pero nunca podrá considerarse como una cantidad constante a través del espacio, ya que el VF es capaz de variar sensiblemente en una área relativamente pequeña (LAFQA 2005). Para determinar el valor de fondo de un determinado EPT en un conjunto de muestras de suelo se usan diversas metodologías que van desde simples procesos estadísticos, hasta elaborados exámenes en laboratorio.

Ahora bien, a menudo la capacidad natural del suelo permite amortiguar la presencia de algún EPT por encima del valor de fondo. Mientras esto ocurra el EPT no será un contaminante y la magnitud soportable se conocerá como valor de umbral (VU). Usualmente, el valor de umbral es un poco mayor al valor de fondo, aunque en ocasiones pueden ser iguales. El VU de un conjunto de muestras es obtenido mediante estadística, o en áreas pequeñas, mediante análisis químicos (SGM 2003). La presencia de un EPT por encima del valor de umbral se asocia con contaminación y por ende, peligrosidad.

3.2.2 Efectos a la salud humana y al medio ambiente

La mayor preocupación pública por suelos contaminados, es que la gente está en contacto directo con ellos en zonas residenciales, parques, escuelas y en terrenos de cultivo. Otros tipos de contacto incluyen contaminación del agua potable o inhalación de contaminantes del suelo que se vaporizan. Hay una larga serie de consecuencias a la salud de la exposición al suelo contaminado dependiendo del tipo de contaminante, vía de ataque y vulnerabilidad de la población expuesta. Por ejemplo, el cromo y muchos de los pesticidas y herbicidas que lo contienen son cancerígenos para todas las edades. La exposición crónica al benceno en suficientes concentraciones está asociada con una alta incidencia de leucemia. El mercurio es conocido por inducir daños al riñón, algunos irreversibles. Hay un espectro muy amplio de otros efectos sobre la salud de los químicos mencionados u de otros, que van desde dolores de cabeza, náuseas, fatiga, irritación de ojos, salpullido, hasta la muerte (Nordberg 2002).

Además, la contaminación del suelo puede tener significativas consecuencias negativas para los ecosistemas. Hay cambios químicos que pueden surgir de la presencia de compuestos peligrosos, aún en bajas concentraciones. Estos cambios se pueden manifestar en la alteración del metabolismo de microorganismos residentes en un dado ambiente edafológico. El resultado puede ser una virtual erradicación de algunos organismos primarios de la cadena alimenticia, que pueden tener aún mayores consecuencias en las especies consumidoras. Aún si el efecto químico sobre las formas de vida es pequeño, la base de la pirámide alimenticia puede comer estos contaminantes y pasarlos al siguiente eslabón de la cadena alimenticia. En los terrenos de cultivo, los contaminantes alteran el metabolismo de las plantas, reduciendo las cosechas (Allan 1997).

3.2.2.1 Arsénico

El Arsénico, cuando se encuentra en los suelos en una cantidad superior a la natural, puede entrar en el aire, agua y comida a través de las tormentas de polvo y las aguas de escorrentía.

El Arsénico es un componente que naturalmente es poco soluble en agua o volátil, pero debido a las actividades humanas, mayormente a través de la minería y las fundiciones, el Arsénico se ha dispersado y puede ahora ser encontrado en muchos lugares donde no existía de forma natural. El ciclo del Arsénico ha sido alterado como consecuencia de la interferencia humana y debido a esto, grandes cantidades de Arsénico terminan en el Ambiente y en organismos vivos. El Arsénico es mayoritariamente emitido por las industrias productoras de cobre, plomo, zinc y en la agricultura.

Una vez que este ha entrado en el ambiente, el arsénico no puede ser destruido, así que las cantidades añadidas pueden esparcirse y causar efectos sobre la salud de los humanos y los animales. Por ejemplo, las plantas absorben el arsénico muy fácilmente, así que una alta concentración puede estar presente en el alimento de los animales y humanos. Generalmente, cuando la concentración es elevada en zonas con vegetación o en tierras de cultivo, las plantas sufren decoloración seguida de necrosis (muerte de los tejidos) en las orillas de sus hojas, plasmólisis (contracción y resequedad) de las raíces, y reducción en la tasa de germinación. Las concentraciones de Arsénico en los cuerpos de agua generalmente provienen de los escurrimientos en suelos contaminados, y aumentan las posibilidades de alterar el material genético de los peces e intoxicar a los consumidores de estos (humanos, aves y otros animales) (O'Neill 1990).

Los humanos pueden estar expuestos al Arsénico a través del alimento y agua, pero la mayoría de los casos ocurre principalmente a través del contacto de la piel con suelo o inhalando aire que contenga Arsénico.

La exposición al Arsénico inorgánico[1] puede causar varios efectos negativos sobre la salud, como irritación del estómago e intestinos, disminución en la producción de glóbulos rojos y blancos, cambios en la piel, e irritación de los pulmones. Se considera que la ingestión de cantidades significativas de Arsénico inorgánico puede intensificar las posibilidades de desarrollar cáncer, especialmente las posibilidades de desarrollo de cáncer de piel, pulmón e hígado.

A exposiciones muy altas de Arsénico inorgánico puede causar infertilidad y abortos en mujeres, puede causar perturbaciones en la piel, pérdida de la resistencia a infecciones, perturbación en el corazón y daño del cerebro tanto en hombres como en mujeres. Finalmente, el Arsénico inorgánico puede dañar el ADN. El Arsénico orgánico no puede causar cáncer, ni tampoco daño al ADN. Pero exposiciones a dosis elevadas puede causar ciertos efectos sobre la salud humana, como lesión de nervios y dolores de estómago (USEPA 2008a).

3.2.2.1 Plomo

El plomo se presenta de forma natural en el ambiente, pero las mayores concentraciones que son encontradas en el ambiente son el resultado de las actividades humanas. Debido a la aplicación del plomo en gasolinas, la combustión del petróleo, ciertos procesos industriales como la minería, y combustión de residuos sólidos, tiene lugar un ciclo artificial del plomo. Los derivados industriales, tales como algunas sales de plomo entran en el ambiente a través de los tubos de escape de los coches o de las chimeneas de las fábricas. Las partículas grandes precipitarán en el suelo mientras las pequeñas partículas viajarán largas distancias a través del aire y permanecerán en la atmósfera. Parte de este plomo caerá de nuevo sobre el suelo cuando llueva. Este ciclo artificial del plomo causado por la actividad humana está mucho más extendido que el ciclo natural del mismo (USEPA 2008b).

Cuando el plomo se acumula en los organismos del suelo, estos experimentan efectos negativos en su salud por envenenamiento, y en muchas ocasiones se pasan a través de los eslabones de las cadenas alimenticias locales. En las tierras de cultivo, la contaminación por plomo genera infertilidad o reducciones significativas en la tasa de productividad, además de empeorar la calidad de los vegetales cosechados (Madden 2002)

En humanos, el plomo es especialmente peligroso para niños pequeños, por el alto riesgo de desarrollar daños al cerebro y al sistema nervioso, mientras que a todas las edades hay riesgos de problemas al riñón.

Una vez absorbido por el cuerpo humano, las mayores concentraciones de plomo se almacenan en los huesos, el riñón y el hígado. La sangre lo almacena por periodos cortos, por lo que analizarla es útil para medir la exposición a plomo en los últimos 30 días. Una vez que los huesos han alcanzado una concentración elevada, empieza a liberar el plomo a otros órganos, aún cuando se ha cesado la exposición por un largo tiempo. En las poblaciones de adultos mayores, este fenómeno está relacionado con la aparición de osteoporosis, desmineralización de los huesos, incremento notorio en la disfuncionalidad del cerebro y del riñón. En niños pequeños, cuando el plomo se transmite a través de la leche materna o de la placenta, puede causar discapacidad mental. Otros efectos de la exposición al plomo son la pérdida del apetito, dispepsia (digestión laboriosa), constipación, cólicos, irritabilidad, dolores musculares, fatiga, temblores, infertilidad en mujeres y hombres, convulsiones, mal de Parkinson y estado de coma. En todos estos males, un factor preponderante es la predisposición genética, que genera mayor vulnerabilidad a la intoxicación por plomo (Madden 2002; USEPA 2008b; Davies 1990).

3.3 Evaluación del riesgo ambiental derivado de la contaminación del suelo

La evaluación de riesgos es el uso de los datos y observaciones científicas para definir los efectos a la salud o a los ecosistemas causados por la exposición a materiales o situaciones peligrosas. Este es un tema fundamental en la contaminación del suelo, ya que la valoración de la probabilidad de que alguna alteración edafológica cause un efecto nocivo en el ambiente –con cierto énfasis en la salud pública, actividades humanas, y recursos naturales utilizables por la sociedad–, sirve para determinar su posible magnitud, con la intención de prevenir, disminuir o remediar el impacto (INE 2003).

El riesgo ambiental, es el concepto que se refiere a la probabilidad de que ocurra un daño en el medio natural. Es un concepto cuantificable, producto de la relación entre peligrosidad o peligro, y vulnerabilidad. En esta tesis, para determinar el riesgo se usará la ecuación de la metodología del CENAPRED para riesgos químicos:

R = f(P, V)

Donde: R = Riesgo Ambiental; P = Peligrosidad; V = Vulnerabilidad (CENAPRED 2006).

3.3.1 Peligrosidad

La peligrosidad es el potencial de un determinado fenómeno para causar un daño. En el caso de la peligrosidad de los EPTs, se refiere a la magnitud y modo en que pueden perjudicar al ambiente, y en consecuencia, al hombre. Los factores que influyen en la peligrosidad de los mismos son su naturaleza química y la cantidad en que se presentan.

La naturaleza química es quizá el factor más importante, ya que determina en gran medida la toxicidad de los

EPT´s. Por ejemplo, el mercurio y el cadmio son dos elementos que no tienen ningún papel en los procesos orgánicos, y su mera presencia a menudo altera a los sistemas vivos. En otros casos, la naturaleza de algunos elementos provoca reacciones químicas cuando se combinan con otras sustancias, que perjudican a los tejidos orgánicos, como en el caso del plomo.

Otro de los factores determinantes de la peligrosidad es la cantidad de un determinado elemento. Cuando un EPT se encuentra en el ambiente en pequeñas cantidades, el ambiente puede almacenarlo o dispersarlo de manera inocua, mientras que cuando las concentraciones son mayores la capacidad del medio para amortiguar dicha presencia se ve disminuida o sobrepasada. De hecho, un EPT no requiere de una naturaleza química tóxica per se; habitualmente una cantidad excesiva de cualquier sustancia es suficiente para alterar al medio.

Para determinar la peligrosidad se utilizará un índice que se expresa mediante la ecuación:

IP = CTEPT/VUEPT

Donde: IP = índice de peligrosidad; CT = concentración totales; VU = valor de umbral (Pena 2001).

Este índice es equivalente a suponer que la CT es la exposición total a cierta sustancia, y que el VU es la exposición aceptable o tolerable por el medio. La ecuación implica que el peligro no existe siempre y cuando el valor sea igual o menor que uno:

IP ≈ Exposición Total / Exposición Aceptable

Por ejemplo: IP = 5/4 = 1.25

en este caso hay contaminación porque:

Contaminación (CTEPT > VUEPT)

Dado que 5 > 4.

3.3.2 Vulnerabilidad

La vulnerabilidad se refiere a la susceptibilidad del medio a ser alterado por un fenómeno perturbador. Esta susceptibilidad es variable en el espacio, y generalmente está asociada a la capacidad del ambiente o de la sociedad de disminuir el grado de exposición. En este sentido pueden distinguirse dos variantes de vulnerabilidad: la biofísica y la social.

La vulnerabilidad biofísica se expresa como una probabilidad de daño en un sistema natural expuesto y comúnmente se expresa cuantitativamente a través de un índice con valores entre cero y uno, donde este último implica que el daño es total. De dos sistemas expuestos uno es más vulnerable si, ante la ocurrencia de fenómenos perturbadores con la misma intensidad, sufre mayores daños.

La vulnerabilidad social, sin embargo, solo puede valorarse cualitativamente y es relativa, ya que está relacionada con aspectos económicos, educativos, culturales, así como al grado de desarrollo de la población y su infraestructura (CENAPRED, 2006).

En este caso se utilizará una valoración de la vulnerabilidad social, ya que se desea investigar el riesgo a que la población está expuesta debido a los EPTs. Para ello se usará la información del Uso de Suelo de la región, que representa el grado de interacción entre el ser humano y el medio geográfico. De este modo, se identificará en toda la región las zonas más vulnerables, puesto que en tanto sea mayor la presencia humana, mayor será la vulnerabilidad (CENAPRED, 2006).

3.4 La Norma Oficial Mexicana 147 en materia de peligrosidad de residuos mineros.

La NOM-147-SEMARNAT/SSA1-2004 es la norma que en México regula el límite de sustancias químicas permisibles en los suelos. La norma se diseñó tomando en cuenta la alta variabilidad de las concentraciones naturales a través del espacio, haciendo especial énfasis en determinar los valores de fondo y concentraciones totales para conocer las necesidades de remediación de suelos contaminados. La norma establece que deben realizarse análisis de las concentraciones totales (CT) y los valores de fondo (VF) en las zonas que tienen fuentes de EPTs, para determinar la posible afectación al medio.

En el caso del arsénico y del plomo, la norma establece los siguientes valores de referencia:

Concentraciones de referencia totales (CR_T) por tipo de uso de suelo		
Contaminante	Uso agrícola/residencial / comercial (mg/kg)	Uso industrial (mg/kg)
Arsénico	22	260
Plomo	400	800

Tabla 3.2 Fuente: NOM-147-SEMARNAT/SSA1-2004

Capítulo 4 Metodología

En este trabajo se presenta una metodología para identificar la peligrosidad por EPTs, en suelos de una región dada. Los elementos que se sometieron a revisión fueron el Plomo y el Arsénico, porque son los EPTs más liberados al ambiente por la minería mexicana, y los que se hallan en mayores concentraciones en los jales del área estudiada (Gutiérrez 1995; 2007).

La metodología para determinar la peligrosidad que da lugar a este trabajo es simple, económica, y útil para fines informativos y preventivos. Además, se exponen a modo de revisión comparativa dos metodologías diferentes que han empleado otras instituciones, que si bien cubren otros propósitos, se pueden correlacionar entre sí para obtener conclusiones globales.

También se realiza una evaluación cualitativa de la vulnerabilidad social y el riesgo, en base a la fórmula:

R = f(P, V)

El capítulo se divide en tres temas que corresponden a los procesos de obtención de los datos que se usan en la anterior ecuación: Peligro, Vulnerabilidad y finalmente Riesgo. Se va a hacer especial énfasis en la cuantificación de la peligrosidad, dado que es el tema central de esta tesis.

Para fines de este trabajo, los términos de la ecuación tiene la siguiente connotación:

Peligrosidad = potencial de un fenómeno natural o antropogénico para causar un daño, en este caso el fenómeno de contaminación por As y Pb en suelos.

Vulnerabilidad = el grado de exposición de la sociedad frente al daño de un fenómeno potencialmente negativo, en este caso, el nivel de contacto que se tiene con el suelo, por las actividades de uso de suelo, y a través de estas, a los contaminantes, si es que existieran.

4.1 Peligrosidad

La peligrosidad de las sustancias químicas depende de dos factores: la naturaleza química y la cantidad en que se presenta. En este caso, se sabe que la naturaleza química del As y el Pb es potencialmente tóxica; la cantidad es lo que se deberá determinar para saber si hay peligrosidad. La cantidad de estos EPTs tendrá como referencia el valor de umbral, es decir, la magnitud que el suelo es capaz de tolerar. Por consiguiente, conociendo las concentraciones totales (CT) y el valor de umbral (VU), se pueden determinar las zonas donde los suelos estén libres de contaminación por As y Pb, así como los lugares donde la contaminación está presente y el grado en que existe.

Esto se expresa en el corolario:

Contaminación (CTEPT > VUEPT)

Como ya se había tratado anteriormente, la concentración total (CT) es la cantidad de determinada sustancia en el medio del suelo, el valor de fondo (VF) es la cantidad de la sustancia que de forma natural existe en el suelo, y el valor de umbral (VU) es la cantidad que de manera inocua puede permanecer en el sistema edafológico.

El VF y el VU están estrechamente ligados. Siguiendo la metodología del Servicio Geológico Mexicano, el valor de umbral se determinará en base al valor de fondo más dos desviaciones estándar del total de los valores no anómalos:

$$VU = VF + 2\sigma$$

A continuación se presentan los procesos de obtención de los datos geoquímicos, de las concentraciones totales, de los valores de fondo y de umbral.

4.1.1 Muestreo y determinación de las concentraciones totales

Los datos se obtuvieron del muestreo geoquímico de la zona de estudio que se llevó a cabo por el Servicio Geológico Mexicano (SGM) durante el periodo de 1998-1999, en el cual se tomaron más de mil muestras – 405 en la región de estudio (ver anexo de datos) – de sedimentos de arroyos y se llevaron a laboratorio para determinar las concentraciones totales en partes por millón (ppm) de 31 elementos químicos que contienen las muestras colectadas, mediante el método de emisión de plasma (ICP). Este muestreo se realizó sobre cauces de arroyos –en la región todos son intermitentes–, en el centro de los mismos, y procurando que la ubicación de la colecta estuviera fuera de cualquier influencia contaminante por actividades humanas (jales, zonas urbanas, basureros, etc.). Este muestreo se utilizó como fuente de datos por dos razones: es el único que abarca la totalidad del área de estudio, con una densidad de muestreo muy aceptable (uno cada 4.8km2); y a pesar de ser muestras de sedimentos en vez de suelos, se puede usar ya que la zona de estudio se halla en la cabecera de dos subcuencas, por lo que los sedimentos no tienen influencia de lugares ajenos. Además, al tener datos disponibles en todo el país, sus datos se convierten en una fuente obligada y probablemente la única de su tipo para la investigación de la peligrosidad de los EPTs en suelos de México.

Para determinar contenidos de As y Pb a nivel regional, se procedió a interpolar los datos del muestreo realizando el proceso de polígonos de Thiessen, que consiste en unir los puntos próximos entre sí y dividir la diferencia de valores entre la distancia que los separa, de modo que se pueden obtener valores numéricos teóricos de las áreas que no presentan recolección de datos. Posteriormente, se crean isolíneas (líneas que unen puntos de igual valor) y en base a ellas se realiza un modelo digital de la presencia de As y de Pb, con un valor de píxel de 10m. De esta manera se pudo conocer el comportamiento general de las concentraciones totales (CT) de los EPTs estudiados en la Región Minera Parral.

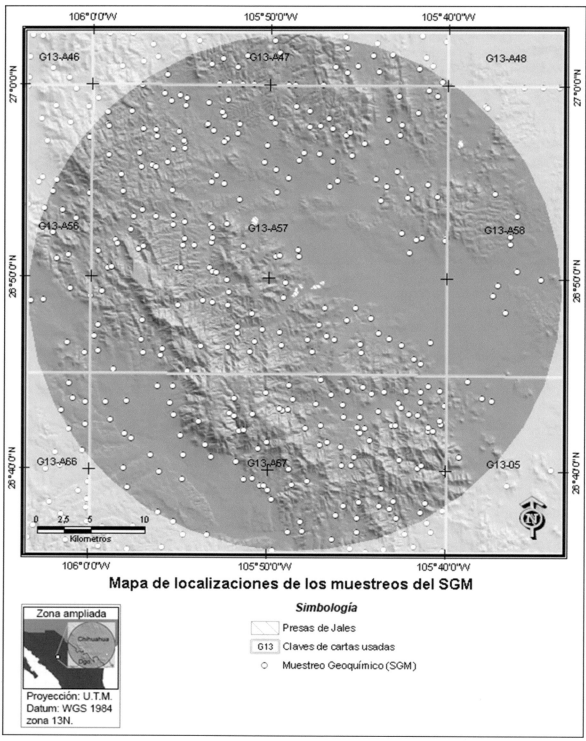

Mapa de localizaciones de los muestreos del SGM

Simbología

⬛ Presas de Jales

G13 Claves de cartas usadas

○ Muestreo Geoquímico (SGM)

Zona ampliada

Proyección: U.T.M.
Datum: WGS 1984
zona 13N.

Figura 4.1.

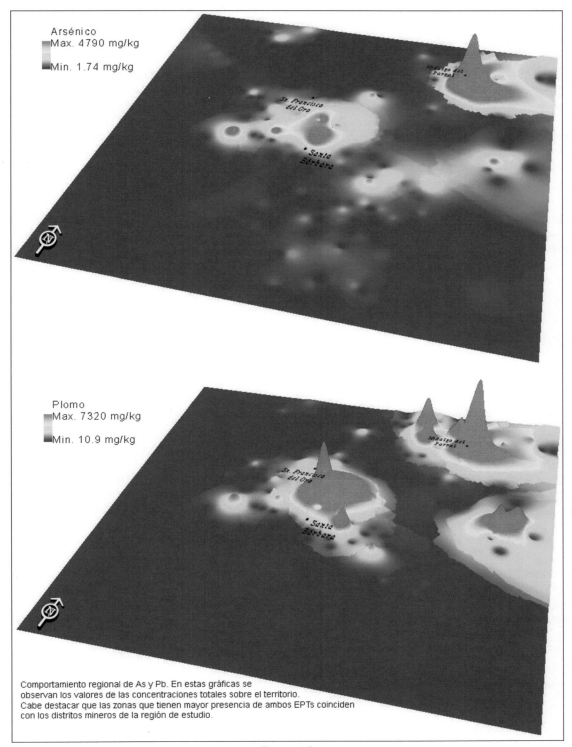

Comportamiento regional de As y Pb. En estas gráficas se observan los valores de las concentraciones totales sobre el territorio. Cabe destacar que las zonas que tienen mayor presencia de ambos EPTs coinciden con los distritos mineros de la región de estudio.

Figura 4.2.

4.1.2 Determinación de los valores de fondo y valores de umbral

Los valores de fondo son las concentraciones naturales que en los suelos existen de cada determinado elemento químico, y los valores de umbral son la cantidad permisible. En el caso de los elementos potencialmente tóxicos, estos valores varían de un lugar a otro. Para establecer valores de fondo de manera regional se requiere del conocimiento exacto de la geoquímica del suelo local y sus variaciones espaciales, lo que implica una elevada densidad de muestreo con altos costes económicos.

Para contrarrestar esta dificultad, se propone un método simple de cuantificación estadística del valor de fondo, y se le agrega como mecanismo de seguridad un valor de umbral, de manera que se ajuste una concentración de referencia para la determinación de la peligrosidad de As y Pb en suelos de la Región Minera Parral.

El peligro se tomará en cuenta a partir de que las concentraciones totales reportadas por el muestreo sean mayores al valor de umbral:

Contaminación (CTEPT > VUEPT)

El valor de fondo se obtuvo mediante un procesamiento estadístico de los datos de concentraciones totales de la región de estudio. Se recolectó y diferenció la información referente a las concentraciones totales de arsénico (As) y plomo (Pb) del Servicio Geológico Mexicano. En la región, dicha institución realizó un total de 405 análisis, que corresponde a un promedio de una muestra por cada 4.8km2.

El valor de fondo y el valor de umbral se obtuvieron mediante una modificación a la metodología del SGM, quedando como se expresa a continuación:

VU=2σmf + μmf

Donde: VU= valor de fondo; σ = desviación estándar; μ = mediana; mf = muestreo filtrado

Para filtrar los datos se empleó el coeficiente de variación:

Coeficiente de variación = (σ / μ) 100

El número de muestras no anómalas se considerara a partir de 100% o el valor inferior inmediato.

En primer lugar, los valores de las muestras se ordenaron de forma ascendente, y se procedió a identificar la dispersión de los datos mediante la elaboración de la estadística básica que consistió en desglose en cuartiles, gráfica de dispersión, coeficiente de varianza e histograma de frecuencias.

Las curvas tanto del As como del Pb mostraron un fuerte sesgo negativo. Así mismo, ambos grupos de datos presentaron dispersiones que en principio demostraron anomalías en alrededor del 10% de las muestras totales. Se observó que cerca del 85% de los datos mantenían tendencias muy similares mientras que el resto podía dispersarse aparentemente sin patrón de comportamiento.

Para conocer si los valores que presentaban anomalías con respecto al grueso de datos conservaban una congruencia espacial, se cartografiaron, y se observó que la mayoría de datos anómalos se encontraban en las cercanías de las zonas mineras, con algunas salvedades que serán tratadas más adelante. De este modo se corroboró que dichos datos presentaban una fuerte probabilidad de estar influenciados por los contaminantes.

A continuación se determinó el valor de fondo que consistió en la medida de tendencia central de los datos no anómalos, debido a que representa el valor típico alrededor del cual el grueso de los datos se puede identificar. No obstante, para que el valor de referencia de los contaminantes se ajustara más a un modelo donde hay una fuerte dispersión de valores, se cuantificó el valor de umbral, que significó dos desviaciones estándar de cada grupo de datos. Esto permitió que los datos que se hallen por encima del valor de fondo, y que no hayan sido identificados como anómalos, puedan ser considerados como observaciones dentro del rango de no contaminados.

A continuación se muestra la naturaleza de los cálculos de VF y VU en cada EPT estudiado.

4.1.2.1 Arsénico

Los 405 datos del SGM se estudiaron en una primera aproximación para identificar la naturaleza del comportamiento del arsénico en los suelos de la región. Como resultado del primer acercamiento estadístico se observó lo siguiente:

1. Los datos presentaron un alto grado de dispersión, ya que el coeficiente de variación fue del 451%, es decir que la desviación estándar fue de casi cinco veces superior al promedio, además el alcance intercuartil fue de 25,9, mientras que la diferencia entre el tercer y cuarto cuartil es de 4756.

En el histograma se muestra la distribución de frecuencias, en la que se observa que los datos se hayan concentrados en los primeros tres intervalos de ppm, mientras que después de estos empieza a decrecer la cantidad de observaciones. En el intervalo 160ppm o más, se observa una frecuencia de 26, pero esta no es representativa ya que los valores que la componen van del 162 al 4791 con amplia dispersión entre sí.

Arsénico (total)				
Cuartiles	*(ppm)*		*Rango (ppm)*	*Frecuencia*
Primero	9,480		1 - 9.99	108
Segundo	18,880		10 - 19.99	105
Tercero	35,470		20 - 29.99	68
Cuarto	4791,630		30 - 39.99	37
			40 - 49.99	22
Valor mínimo	1,740		50 - 59.99	9
Valor máximo	4791,630		60 - 69.99	9
Media	55,826		70 - 79.99	3
Mediana	18,915		80 - 89.99	5
Desviación estándar	251,832		90 - 99.99	4
Coeficiente de Variación	451%		100 - 109.99	3
Alcance intercuartil	25,990		110 - 119.99	2
			120 - 129.99	2
			130 - 139.99	1
			140 - 149.99	1
			150 - 159.99	0
			160 o mas	26

Tabla 4.1 Estadística descriptiva de los datos de arsénico.

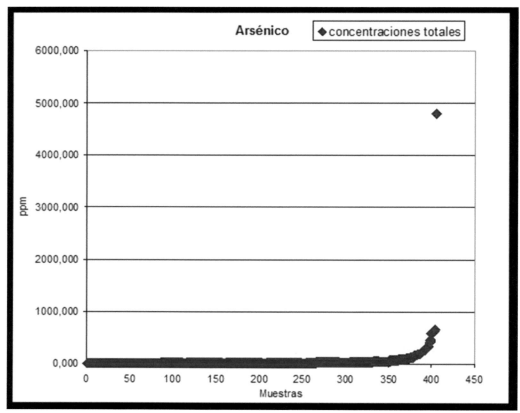

Figura 4.3. Dispersión de concentraciones totales de Arsénico en el muestreo del SGM

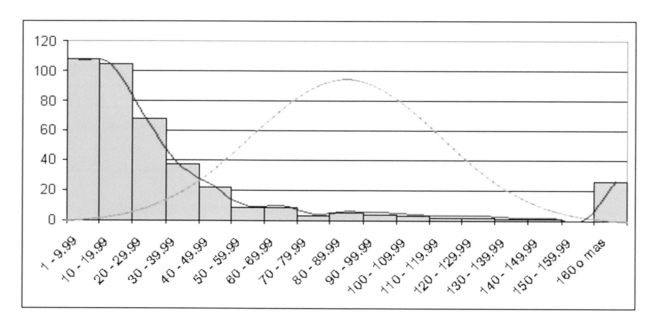

Figura 4.4. Histograma de frecuencias del arsénico: los rangos son en ppm. La línea negra muestra la tendencia de los valores, mientras que la línea fantasma gris muestra la tendencia en una distribución normal de datos. Fuente: elaboración propia con datos del SGM.

Para normalización de los datos se filtraron las observaciones por medio del coeficiente de variación, hasta que su valor fuera menor al 100%. En el arreglo de datos, el número a partir del cual se filtraron los datos fue 162,6. Esto implicó que se eliminaron 25 observaciones, un total del 6% del total. En el alcance intercuartil se observa que los valores obtenidos mediante el proceso de filtrado son muy semejantes a la desviación estándar.

No obstante, este procedimiento de filtrado no normaliza los datos del todo, porque la curva de los datos continua siendo segada negativamente, por lo que para el cálculo del valor de fondo se eligió a la mediana como la medida de tendencia central más adecuada, ya que se aproxima más a los valores típicos del universo de datos, toda vez que estos presentan un cierto grado de dispersión a pesar del filtrado.

Para la adecuación del valor de umbral, se empleó la sumatoria de dos desviaciones estándar y la mediana, para quedar como se resume en la siguiente tabla:

Arsénico (filtrado)			
Cuartiles	(ppm)	Rango (ppm)	Frecuencia
Primero	9,302	1 - 9.99	108
Segundo	17,752	10 - 19.99	105
Tercero	30,753	20 - 29.99	68
Cuarto	162,605	30 - 39.99	37
		40 - 49.99	22
Valor mínimo	1,740	50 - 59.99	9
Valor máximo	162,605	60 - 69.99	9
Media	25,088	70 - 79.99	3
Mediana	17,769	80 - 89.99	5
Desviación Std.	24,599	90 - 99.99	4
Coeficiente de variación	98,050	100 - 109.99	3
Alcance intercuartil	21,451	110 - 119.99	2
		120 - 129.99	2
Valor de fondo	17,769	130 - 139.99	1
Valor de umbral	66,967	140 - 149.99	1
Muestras filtradas	6%	150 - 159.99	0
		160 o mas	1

Tabla 4.2 El proceso de filtrado mediante el coeficiente de variación permitió que la información total presentara menores grados de dispersión y se pudiera realizar un análisis con el resto de los datos sin incluir valores anómalos.

Estos valores están de acuerdo con lo que se reporta en la literatura científica, donde se estima que las concentraciones de fondo del arsénico en suelos norteamericanos es de 1 a 97 mg/kg (USGS 1984).

4.1.2.2 Plomo

Las concentraciones naturales de plomo se determinaron mediante el mismo modo: se realizó una evaluación primaria de los datos en la que se organizaron los datos, se obtuvieron los cuartiles, se realizó un histograma de frecuencias, se calculó la desviación estándar y el coeficiente de variación, así como el alcance intercuartil.

Plomo (total)				
Cuartiles	(ppm)		Rango (ppm)	Frecuencia
Primero	29,520		1 - 9.99	0
Segundo	36,350		10 - 19.99	9
Tercero	48,999		20 - 29.99	96
Cuarto	7323,600		30 - 39.99	142
			40 - 49.99	61
Valor mínimo	10,940		50 - 59.99	26
Valor máximo	7323,600		60 - 69.99	11
Media	167,730		70 - 79.99	7
Mediana	36,398		80 - 89.99	3
Desviación Std.	629,266		90 - 99.99	4
Coeficiente de variación	375%		100 - 109.99	3
Alcance intercuartil	19,479		110 - 119.99	2
			120 - 129.99	2
			130 - 139.99	0
			140 - 149.99	0
			150 - 159.99	3
			160 o mas	36

Tabla 4.3 Estadística descriptiva de los datos de plomo.

Al igual que en el caso del arsénico, los valores resultaron tener un alto grado de dispersión y un fuerte sesgo negativo. Después se procedió a realizar el filtrado de datos anómalos con el coeficiente de variación, que debería tender a 100%. En este caso, el total de muestras que se identificaron como anómalas fue del 7% del total, es decir, 29 muestras. El valor de fondo se identificó como la mediana y el valor de umbral como la sumatoria de dos desviaciones estándar y la mediana. Los valores obtenidos concuerdan con los rangos establecidos a nivel mundial, que se calculan de 15 a 106 mg/kg para suelos alrededor de todo el orbe (Davies 1990).

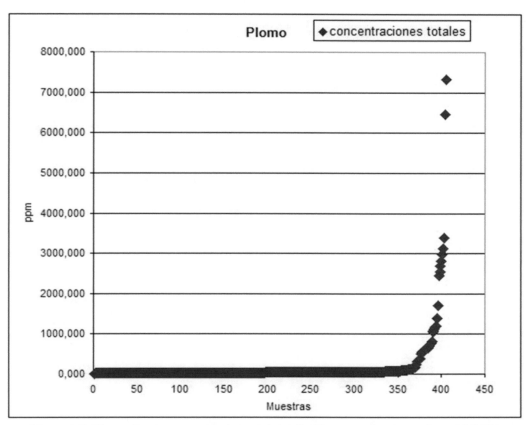

Figura 4.5. Dispersión de concentraciones totales de Plomo según el muestreo del SGM.

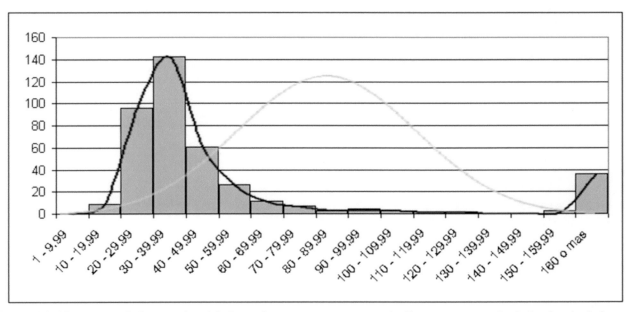

Figura 4.6. Histograma de frecuencias del plomo: los rangos son en ppm. La línea negra muestra la tendencia de los valores, mientras que la línea fantasma gris muestra la tendencia en una distribución normal de datos. Fuente: elaboración propia con datos del SGM.

Plomo (filtrado)				
Cuartiles	*(ppm)*		*Rango (ppm)*	*Frecuencia*
Primero	28,880		1 - 9.99	0
Segundo	35,160		10 - 19.99	9
Tercero	45,210		20 - 29.99	96
Cuarto	387,770		30 - 39.99	142
			40 - 49.99	61
Valor mínimo	10,940		50 - 59.99	26
Valor máximo	387,770		60 - 69.99	11
Media	45,258		70 - 79.99	7
Mediana	35,179		80 - 89.99	3
Desviación Std.	43,321		90 - 99.99	4
Coeficiente de variación	95,721		100 - 109.99	3
Alcance intercuartil	16,330		110 - 119.99	2
			120 - 129.99	2
Valor de fondo	35,179		130 - 139.99	0
Valor de umbral	121,821		140 - 149.99	0
Muestras filtradas	7%		150 - 159.99	3
			160 o mas	7

Tabla 4.4 Estadística descriptiva de los datos filtrados de plomo.

4.1.3 Cuantificación del Peligro

Para conocer el peligro se utilizó el índice de peligrosidad que consiste en dividir la concentración total sobre el valor de umbral, que se expresa en la siguiente ecuación:

IP = CTEPT/VUEPT

Donde: IP = Índice de peligrosidad; CT = Concentración total; VU = Valor de umbral (Pena 2001)

En este índice, los valores iguales o menores a uno implican un estado de no contaminación, mientras que mayores a uno, se consideran peligrosos.

La operación se realizó en un sistema de información geográfica, con el modelo de concentraciones totales, con un valor de pixel de 10m, y dividiéndolo sobre el valor de umbral correspondiente.

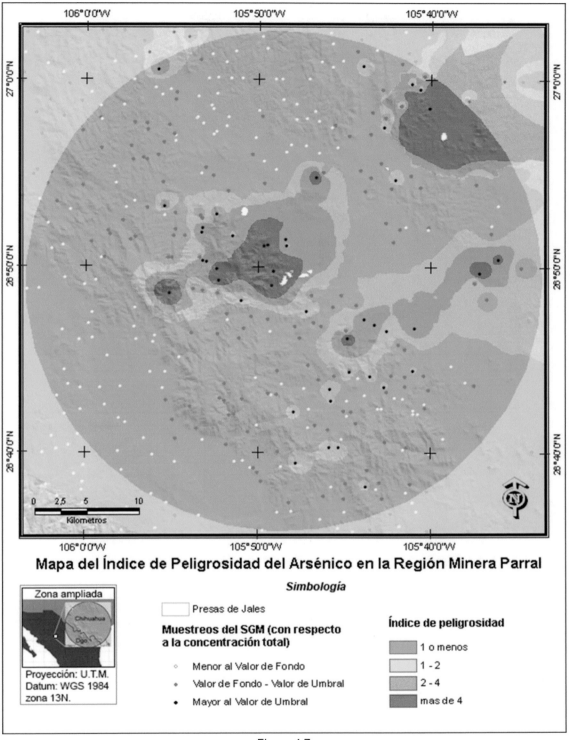

Mapa del Índice de Peligrosidad del Arsénico en la Región Minera Parral

Simbología

Figura 4.7.

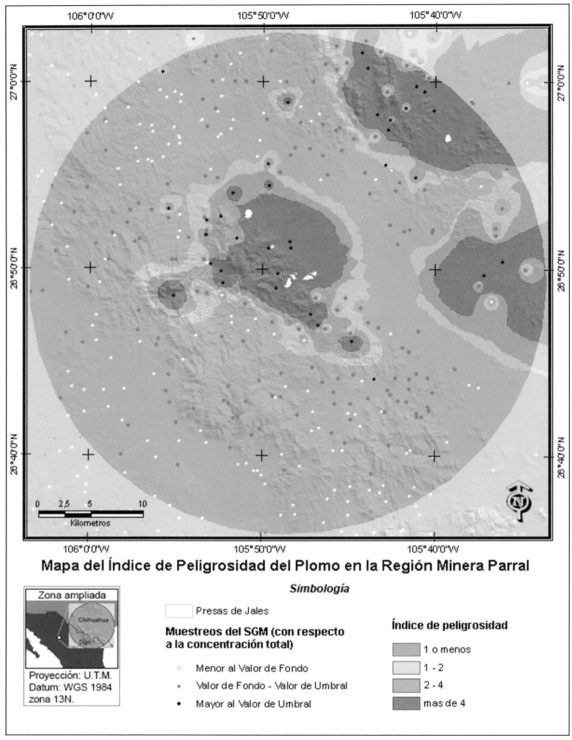

Figura 4.8.

4.1.4 Verificación del modelo

Para conocer si la suposición en la que se basa metodología anterior es o no válida, debe verificarse la dispersión al suelo de los residuos mineros. Esta dispersión puede ocurrir de tres formas: por el viento, por drenaje, o por transferencia humana (por ej., las rutas de transportación del material minero). A continuación se explica el procedimiento que se llevó a cabo para verificar por otros medios –que no sean valores geoquímicos–, si el suelo pudo o no estar en contacto con los jales y por tanto determinar si las concentraciones de fondo son verdaderas.

Los jales mineros pudieron haber estado dispersándose continuamente al ambiente, pero las partículas de roca que los forman no pueden llegar a todos los lugares de su alrededor con la misma intensidad, o incluso pueden no llegar. Esto ocurre porque el relieve es determinante para todos los posibles vehículos que podrían acarrear a los residuos mineros. Una zona plana, hacia donde fluyen los arroyos que pasan cerca de los jales es más susceptible a tener influencia de estos, comparativamente a una zona que está separada de las minas por una montaña, y que está muy probablemente a salvo de la potencial contaminación que significan los residuos minerales.

Para identificar si los residuos minerales estaban abarcando zonas donde se estimaron suelos sin problemas sensibles de concentraciones totales de As o Pb, se procedió a verificar los patrones de drenaje, y los patrones de viento así como las barreras y/o facilidades que podría representar el relieve de la zona de estudio para la dispersión de los residuos.

Debido a la complejidad de conocer los patrones de distribución de los EPTs, se estableció una zona dentro de la región en la que se estimó que la potencial contaminación de los jales no podría afectar a los suelos que la ocupan, es decir, se hizo en sentido inverso – donde no debería haber EPTs de los jales –. A esta zona se le llamó zona de control.

La zona de control se identificó al SW de la región de estudio, y aunque se considera que otras áreas también podrían estar libres de influencia por sus características topográficas, la determinación exacta de todos los suelos sin contacto directo con los residuos mineros dentro de un radio de 25 km del centro de estos, se dejará para un estudio posterior

Esta zona de control se caracteriza por estar detrás de la barrera orográfica que significa la Sierra Roncesvalles, por lo que se estima que el nivel de influencia de los jales de los distritos mineros de la región es nulo.

La zona de control dentro de la región de estudio se eligió tomando en cuenta los factores que favorecen la dispersión de los materiales de granulometría fina: las corrientes de agua, los vientos y asociados a estos, la topografía. Adicionalmente se analizó la presencia de población, industrias o actividades económicas que implicaran un cierto grado de contaminación por EPTs. Dado que en la región los depósitos de jales se hallan al este de la Sierra Roncesvalles y Sierra Los Azules, y que los vientos predominantes tienen una dominante SE – similar al rumbo de la cadena montañosa –, se consideró que la posible zona de influencia de los residuos mineros no podría abarcar las laderas occidentales de las sierras anteriormente mencionadas, ni las colinas que se extienden más allá de estas en dirección al oeste.

Para delinear los límites de la zona de control se tomaron las porciones más elevadas de la sierra Roncesvalles y Los Azules, y aunque no corresponden exactamente con el parteguas, se utilizó un sistema de trazado similar, basándose en el corolario de que el material arrastrado por los vientos no podría atravesar la franja de máxima altura de las montañas, ya que se encuentran a más de 800 m de altura con respecto a los jales, y a más de 11km de distancia en su parte más cercana.

La zona de estudio que no se ha identificado como de control, se considera la zona de influencia de los residuos mineros. Al respecto cabe recalcar que dada la complejidad del fenómeno estudiado y la cantidad de datos disponibles, no se puede conocer con exactitud los patrones de dispersión de los materiales residuales de las minas, por lo que es posible que la denominada zona de influencia en algunas áreas no reciba materiales de los jales o bien lo haga en una cantidad insignificante. No obstante, con la intención de no ignorar cualquier probabilidad por lejana que sea, se determinó que el área que no fuera completamente libre de contacto con los EPTs de los jales, se considerara como de posible influencia.

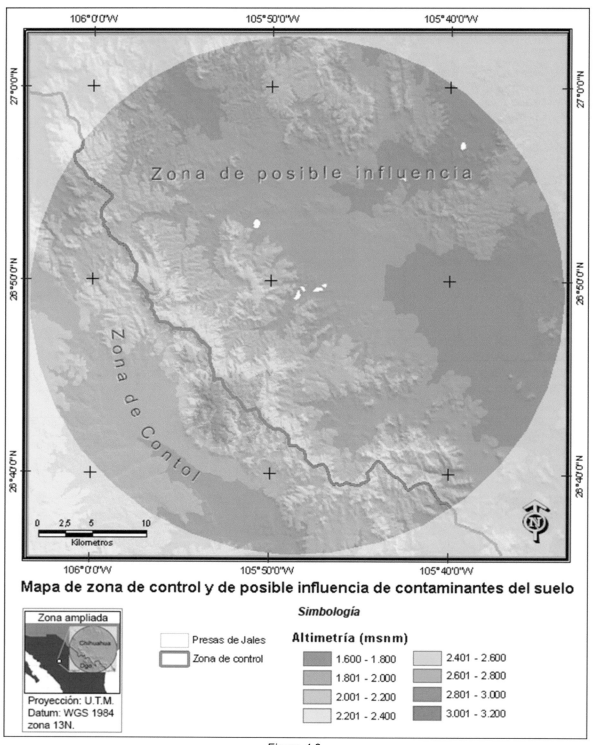

Figura 4.9.

La zona de control coincide con una extensa zona en la que el los análisis anteriores se había encontrado un nivel poco significativo de EPTs en los suelos (As en un rango de 10 a 35 mg/kg y Pb 27-52 mg/kg; en contraposición, los valores de la zona de influencia fueron de 13 a más de 800mg/kg de arsénico, y 40 a más de 4000 mg/kg de plomo). Esta presencia que además de ser escasa, puede estar asociada a la presencia humana, ya que los pocos lugares que tienen niveles de umbral o ligeramente más altos, se ubican en zonas de agricultura y cercanas a núcleos de población.

En lo que respecta a la zona de posible influencia, se observa una aguda presencia de valores superiores a las concentraciones de umbral, y que predominan en zonas hacia donde los escurrimientos vierten después de haber pasado en cerca de los terrenos de los jales, ya que estos se hallan en la parte alta de su subcuenca, además de ser zonas planas que no ofrecen dificultad a los vientos para transportar cualesquier material.

4.1.5 Revisión comparativa de otras metodologías de determinación de VF

Para fines comparativos, los valores de fondo establecidos para la zona investigada se correlacionaron con los resultados derivados de otras dos metodologías distintas. Una de estas determinaciones de valores de fondo para la región fue llevada a cabo por el Servicio Geológico Mexicano (SGM) y con 405 muestreos elaborados por dicha institución; la segunda fue realizada por el LAFQA del Instituto de Geografía de la UNAM, en el cual a una escala detallada de la Unidad Minera Santa Bárbara, se realizaron 11 colectas de sedimentos, 46 de suelo (38 en las cercanías de los jales de la UMSB y 8 más alejadas para calcular el valor de fondo), 43 de los jales y 6 de aguas subterráneas. Este muestreo fue local y tiene pocos datos en relación a las dimensiones del área estudiada, sin embargo, se concentra en la contaminación ejercida por los jales, con un método más específico, por lo que sus datos resultantes fueron fundamentales para esta investigación.

4.1.5.1 Metodología del Servicio Geológico Mexicano

El Servicio Geológico Minero realiza cartas geoquímicas de zonas mineras de todo el país para brindar al sector minero de información de interés para su industria. Estas cartas se realizan a escala 1:50,000 con cobertura limitada, y para el resto del país, a escala 1:250,000. Para este estudio comparativo, se utilizó la información recopilada en la carta geoquímica G13-A57, de escala 1:50,000, que corresponde al centro de la Región Minera Parral, abarcando una porción importante del área de estudio.

Para la elaboración de esta carta, el SGM programó un muestreo regional que tomó en cuenta las diferentes subcuencas y la densidad de drenaje, evitando incluir zonas con contaminación evidente, por ejemplo, las zonas aledañas a los jales. El muestreo se realizó sobre el cauce de arroyos, en los que se colectó la fracción fina del sedimento de la porción central del arroyo, tamizándose en el lugar de colecta, hasta obtener un peso de 250 gramos. Una vez efectuada la recolección de la muestra, se analizaron en laboratorio las concentraciones totales de 31 elementos – entre ellos el Pb y el As – por el método de emisión de plasma (ICP por sus siglas en inglés). Para la construcción de esta carta se realizaron 167 muestreos.

El procesamiento estadístico de la información que se realiza para determinar el valor de fondo, consiste en ordenar las concentraciones totales en orden progresivo del mínimo al máximo valor de cada elemento en unidades ppm; a juicio de experto se eliminan las observaciones con los valores más altos[2], para evitar un alto grado de dispersión, y se calcula la media aritmética que se establece como valor de fondo (VF). Al valor de fondo se le suma una desviación estándar y se considera como el valor de umbral (VU), y a los valores que sobrepasen este número, se les considera anómalos, o sea, potencialmente contaminantes. Este método se emplea en cada carta geoquímica.

Arsénico

Con los datos de las 167 muestras se determinaron los percentiles y se realizó una distribución de frecuencias que se presentan a continuación para un vistazo general de la naturaleza de los datos. Cabe señalar que 20 de las muestras se eliminaron del proceso estadístico por presentar concentraciones de As excepcionalmente altas.

Bajo este procedimiento, el valor de fondo de la región de estudio sería de 22,32 ppm de As, y el valor de umbral sería la sumatoria de este más una desviación estándar, o sea 34,773 ppm. Concentraciones mayores a este valor, potencialmente son peligro para el ambiente.

Arsénico			
Percentil	Resultados	Total elementos:	147
10.000	9.464	Valor máximo rel:	69.83
25.000	13.528	Valor máximo absoluto:	125.54
50.000	21.823	Valor mínimo:	6.75
75.000	31.990	Media:	22.321
90.000	38.091	Std:	12.452
95.000	48.254		
97.000	52.681	VF:	22.321
99.000	57.108	VU:	34,773

Clase	Límite inferior	Límite superior	Marca de clase	Frec.	Frec. acumulada	% Frec. acumulada
1	6.754	27.78	17.27	57.00	57.00	0.388
2	27.78	48.81	38.29	76.00	133.00	0.905
3	48.81	69.83	59.32	14.00	147.00	1.000

Tabla 4.5 Fuente: elaboración propia

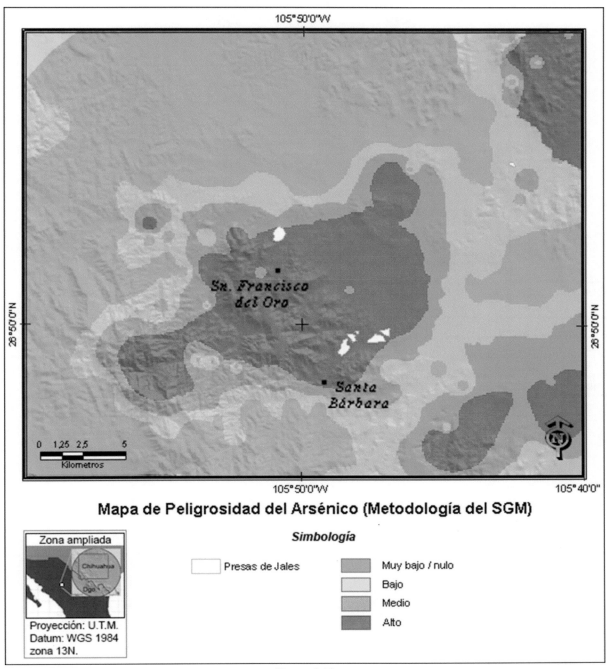

Figura 4.10.

Plomo

La concentración natural de plomo se calculó de igual manera que la del arsénico. En este caso, de las 167 muestras se eliminaron 22 por contener valores de plomo sustancialmente más elevados que cualquiera de los otros, no obstante que las variaciones detectadas cubrieron un amplio rango.

El valor de fondo de plomo determinado para la región mediante esta metodología es de 42.66 ppm, y el umbral se ubica en 63,46 ppm. Valores mayores, al igual que en el caso del arsénico, pueden asociarse con algún grado de contaminación ambiental. (SGM 2000-2003a; 2000-2003b; 2003).

Plomo			
Percentil	Resultados	Total elementos:	145
10.000	23.602	Valor máximo rel:	151.73
25.000	28.620	Valor máximo absoluto:	387.77
50.000	39.065	Valor mínimo:	20.25
75.000	52.292	Media:	42.677
90.000	64.480	Std:	20.785
95.000	90.862		
97.000	110.340	VF:	42.677
99.000	129.192	VU:	63,462

Clase	Límite inferior	Límite superior	Marca de clase	Frec.	Frec. acumulada	% Frec. acumulada
1	20.26	46.55	33.40	57.000	57.00	0.393
2	46.55	72.85	59.70	72.000	129.00	0.890
3	72.85	99.14	85.99	8.000	137.00	0.945
4	99.14	125.40	112.30	4.000	141.00	0.972
5	125.40	151.70	138.60	4.000	145.00	1.000

Tabla 4.6 Fuente: elaboración propia

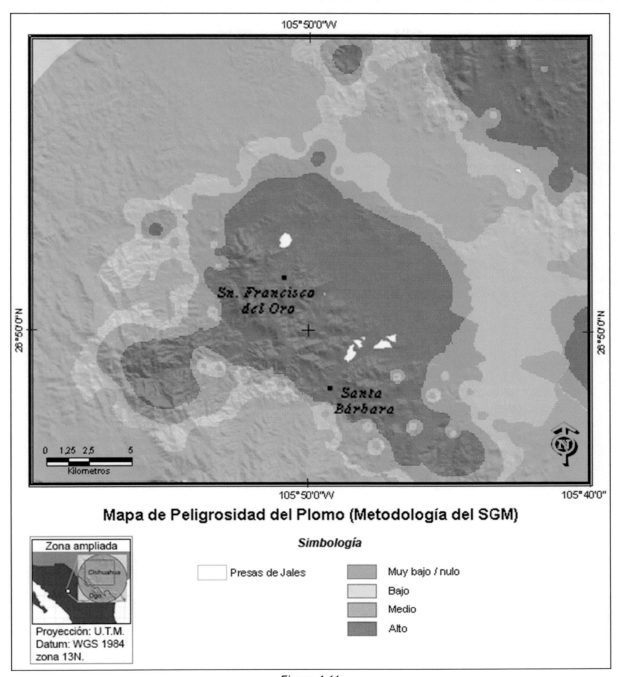

Figura 4.11.

Como se vio, los valores de fondo que se obtuvieron bajo este procedimiento, son más bajos que los que se obtienen con la metodología propuesta en esta tesis, por lo que el potencial de contaminación se incrementa sustancialmente. Con una revisión más profunda de los datos se observa que esta metodología determina como contaminante muchos valores de fondo, por lo que su utilidad se ve demeritada.

4.1.5.2 Metodología del LAFQA-UNAM

El Laboratorio de Análisis Físicos y Químicos del Ambiente utilizó una metodología en la que se calcularon las concentraciones totales y los valores de fondo por medio de 100 muestras de suelos, residuos mineros y sedimentos del Distrito Minero Santa Bárbara, una porción de la Región Minera Parral.

Los muestreos se programaron para valorar localmente el impacto ambiental de los jales en los suelos, los sedimentos y en el agua subterránea. Para ello se recolectó material en las cercanías así como en áreas vírgenes que aparentemente no se encontraban dentro de la zona de influencia directa de los residuos mineros, por ejemplo sitios que están topográficamente más altos que las presas y en la dirección contraria a los vientos preferenciales y frecuentes.

De esta manera, el muestreo permitió que desde un inicio las concentraciones totales de algunas muestras se consideraran dentro del rango de valores de fondo. Estas muestras se denominaron muestras de fondo, porque la probabilidad de que estuvieran afectados por la erosión hídrica de los jales o por su dispersión eólica era muy baja o nula.

El material recolectado se analizó en laboratorio para determinar el pH y la conductividad eléctrica (CE), y las concentraciones totales por espectroscopía de absorción atómica de los EPTs As y Pb, entre otros.

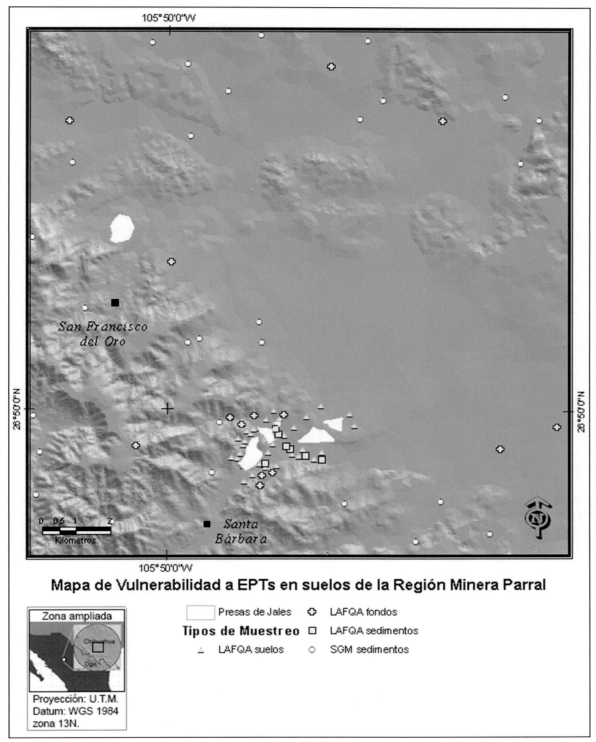

Figura 4.12.

En el caso de las muestras de fondo, los valores de pH en las muestras de fondo variaron entre 6.5 y 8.4 con un promedio de 7.6, es decir, que no han sido contaminados por drenaje ácido3. Además, sus valores de conductividad eléctrica (mediana = 46.3 mS/cm,) resultaron sustancialmente más bajos que los que presentan los residuos mineros. Ambos análisis (pH y CE) se consideraron como una clara evidencia de que los suelos donde se colectaron las muestras de fondo no fueron afectados por los desechos mineros del Distrito Minero Santa Bárbara (LAFQA

2005)

Una vez corroborado que las muestras de fondo no contenían influencia contaminante de los jales, se determinaron las concentraciones naturales calculando la tendencia central (mediana) del muestreo. Los valores de fondo determinadas para la zona son: As = 342 mg/kg, Pb = 947 mg/kg. En este caso el LAFQA no determinó el valor de umbral. (LAFQA 2005; Gutiérrez 2007)

	pH	CE (µS/cm)	As (mg/kg)	Pb (mg/kg)
Mínimo	6.5	22	39	55
Máximo	8.4	93	499	849
Mediana (VF)	7.6	46	342	947
Intervalo intercuartil	1.2	40	351	1309

Tabla 4.7 Estadística descriptiva de los resultados de los análisis de laboratorio en muestras de fondo (concentraciones totales). Fuente: Elaboración propia con datos de Gutiérrez-Ruiz, 2007.

Estos valores de fondo resultan muy elevados en comparación con las metodologías anteriores, por lo que es importante hacer notar que el procedimiento aquí empleado es fundamentalmente químico, mientras en los otros es estadístico. Aunque la probabilidad de que los suelos locales estén afectados por los jales mineros es muy baja, cabe destacar que la roca de esta localidad tiene un alto contenido de As y Pb, y que el suelo que se ha derivado de ella, por lo tanto, también debe tener un alto contenido natural. No obstante, esta metodología tiene como principal desventaja, que es muy costosa para llevar a cabo.

4.2 Vulnerabilidad

La vulnerabilidad a los EPT´s depende de la entidad receptora, es decir, que tan susceptible a presentar una afectación por la exposición a estos. En el caso del suelo, se pueden identificar dos variantes de susceptibilidad: la capacidad del suelo de amortiguar la contaminación, o bien, la capacidad de la sociedad para evitar la exposición a la misma. En el primer caso, las necesidades tanto técnicas como económicas para realizar esa evaluación, dificultan el análisis para los fines de este trabajo. Por ello, se eligió la vulnerabilidad social, cualitativamente establecida mediante una categorización de la presencia humana en el paisaje según los distintos grados de exposición al As y Pb. Para este proceso se utilizó la cartografía de uso de suelo del INEGI, se unificaron tipos de suelo con características similares y se acomodaron en rangos de vulnerabilidad cualitativa, como se presenta a continuación.

Tipo de suelo (INEGI)	Entidad	Ponderación de Vulnerabilidad	Supuesto
Bosque bajo abierto	Bosque	Muy bajo (1)	Los bosques no tienen contacto directo con los humanas
Bosque de encino			
Bosque de encino-pino			
Bosque de pino			
Bosque de pino-encino			
Vegetación de galería			

Chaparral	Matorral	Bajo (2)	Los matorrales se usan para esporádicamente pastorear cabras
Matorral desértico micrófilo			
Mezquital			
Pastizal natural	Pastizal	Medio (3)	Los pastizales sirven de alimento al ganado
Pastizal inducido			
Agricultura de riego	Agricultura	Medio (3)	La agricultura tiene como recurso fundamental al suelo
Agricultura de riego eventual			
Agricultura de temporal			
Zona urbana	Zona urbana	Alto (4)	Los suelos urbanos son los que tienen más contacto directo con el humano

Tabla 4.8 Fuente: Elaboración propia

Las categorías usadas van del 1 al 4, no se incluye al cero porque se considera que dado que la sociedad interactúa con el ecosistema continuamente, no es invulnerable a la presencia de contaminantes en este.

Para realizar la cartografía, con estos criterios se creó un mapa que identificara por zonas el potencial de vulnerabilidad a los contaminantes en suelos. Los polígonos de uso de suelo se rasterizaron a un píxel de 10m, y los valores se tomaron de la categoría de vulnerabilidad que se había elegido para cada tipología de vegetación o uso de suelo.

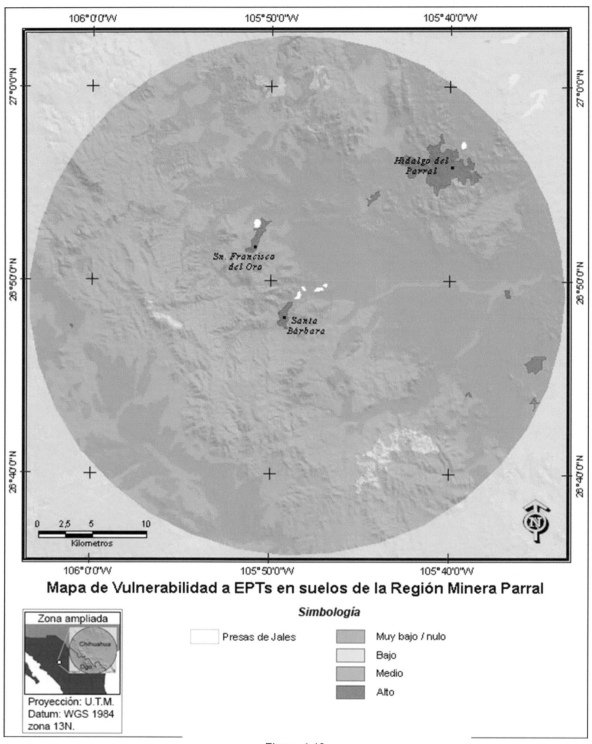

Figura 4.13.

4.3 Riesgo

El riesgo es difícil de establecer con un criterio cualitativo de vulnerabilidad. Tal como se planteó al principio del capítulo, aquí se mostrará una evaluación un tanto subjetiva del mismo, pero que pretende mostrar una alternativa simple para conocer un riesgo potencial sin hacer grandes gastos en investigaciones de laboratorio y que puede contribuir a establecer mecanismos de protección de la población y prevención de enfermedades o daños a cultivos. El procedimiento deberá identificar las zonas que requieren intervención inmediata de parte de las autoridades ambientales.

El riesgo se calculó mediante una reclasificación del índice de peligrosidad, toda vez que este resultó contener hasta más de 100 veces el valor de fondo de As o Pb en ciertas zonas. La reclasificación siguió el esquema siguiente:

Índice de peligrosidad	Reclasificación	Calificación
1 o menos	1	Muy bajo
1 – 2	2	Bajo
2 – 4	3	Medio
4 o más	4	Alto
Vulnerabilidad social	Clasificación	Calificación
Muy bajo	1	Muy bajo
Bajo	2	Bajo
Medio	3	Medio
Alto	4	Alto

Tabla 4.9 Fuente: Elaboración propia

En base a esta categorización, se produjo un mapa raster de píxel de 10m para cada uno de los índices de peligrosidad de As y Pb, que se combinaron con el mapa de vulnerabilidad, para crear un promedio bajo la fórmula:

R = f(P, V)

Donde: R = Riesgo Ambiental; P = Peligrosidad; V = Vulnerabilidad (CENAPRED 2006)

La función se expresó como la sumatoria de la peligrosidad y la vulnerabilidad sobre 2, para de este modo obtener una correspondencia como se indica abajo:

Riesgo = (Peligrosidad + Vulnerabilidad) / 2

El resultado también se expresó en un mapa raster de 10m, para cada elemento estudiado.

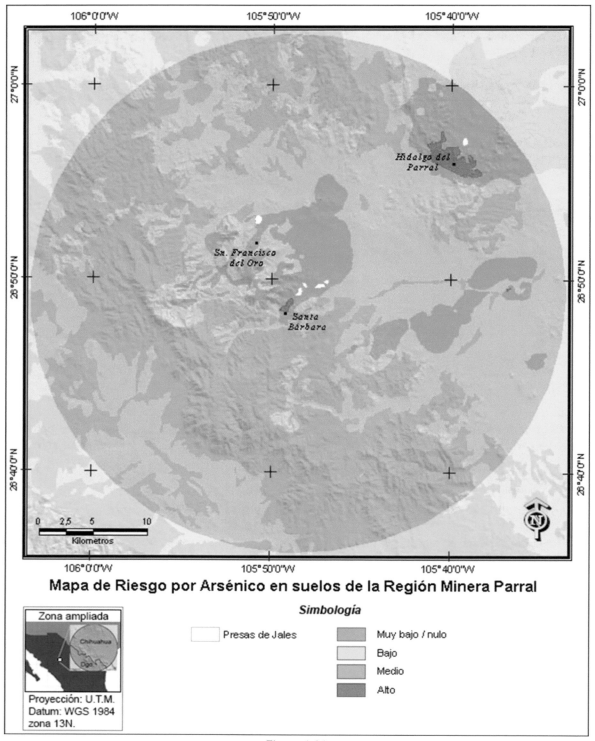

Figura 4.14.

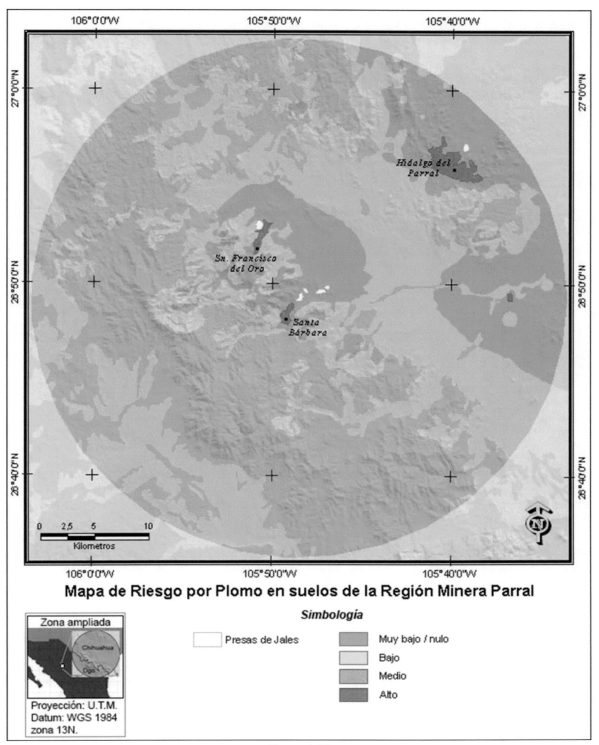

Figura 4.15.

Capítulo 5 Resultados y Conclusiones

Los resultados que se obtuvieron luego de la utilización de la metodología propuesta y su comparación con las otras metodologías y la NOM-147-SEMARNAT/SSA1-2004 se expresan en los siguientes apartados.

5.1 Arsénico

5.1.1 Valores de fondo y valores de umbral

La concentración de umbral de arsénico en los suelos de la región difiere sustancialmente según la metodología empleada.

Arsénico						
NOM-147	SGM		LAFQA		Propuesta Metodológica	
Concentración de referencia	Valor de Fondo (VF)	Valor de umbral (VU)	Valor de Fondo (VF)	Valor de umbral (VU)	Valor de Fondo (VF)	Valor de umbral (VU)
22,000	22.321	34,773	342	nd	17,769	66,967

Tabla 5.1

En el caso de la metodología propuesta en esta tesis se observa que en promedio, el valor de umbral es de As 66,967 mg/kg, que corresponde al valor más bajo, mientras que la concentración reportada por el LAFQA es de 342, es decir, alrededor de 6 veces más arsénico en el suelo. La diferencia es muy notable, pero puede explicarse tomando en cuenta lo siguiente:

el muestreo del LAFQA fue muy local, con una densidad de muestreo muy alta en pequeñas zonas cercanas a los jales, pero muy baja en términos regionales, de modo que los datos sólo son válidos para los derredores de los jales, a no más de un km de distancia de los mismos.

La literatura internacional indica que el rango conocido de concentración natural de arsénico en suelos no es mayor a 97 mg/kg. (USGS 1984)

En lo que se refiere a la concentración de umbral del Servicio Geológico Mexicano, el valor es mucho más cercano al propuesto con la nueva metodología, pero se considera un tanto sesgado debido a un elemento de mucha simplicidad: el SGM obtiene el valor de fondo empleando un promedio aritmético, el cual no toma en cuenta la inmensa variabilidad de los datos, que cuentan con un muy alto grado de dispersión. Tomando en cuenta tal deficiencia, es por eso que la propuesta metodológica utilizó la mediana para dar con un valor más cercano a la generalidad.

Situaciones similares son las que involucran a las diferencias entre valores de fondo de las distintas metodologías. Si bien es cierto que como resultado del procedimiento efectuado, los niveles de contaminación en el suelo aparentan ser mayores a los previstos, también es importante hacer notar que toda la evidencia tratada en esta investigación, así como la reportado en otros países, indica que el nivel de presencia de arsénico en el suelo de la zona está por encima de lo recomendado.

5.1.2 Peligrosidad y Riesgo

En cuanto al riesgo identificado, se observa que las zonas de planicies y de cauce abajo son las más afectadas por la presencia del arsénico. El fenómeno se hace más agudo en la proximidad de las ciudades y de las fuentes de contaminación, o sea los jales. Las zonas montañosas tienen menor problemática o incluso carecen de ella debido a que son zonas de difícil acceso para los contaminantes y para las actividades humanas.

La peligrosidad identificada en el estudio alcanza niveles alarmantes en la proximidad de las ciudades de Hidalgo del Parral y la región entre san Francisco del Oro y Santa Bárbara. No es casualidad, ya que las ciudades se asentaron en la proximidad de las minas, cuyos jales también están en las cercanías.

5.2 Plomo

5.2.1 Valores de fondo y concentraciones de referencia

El caso del plomo es muy similar al del arsénico en cuanto a las diferencias entre valores registrados por las distintas metodologías empleadas, así como del origen de las mismas.

Plomo						
NOM-147	SGM		LAFQA		Propuesta Metodológica	
Concentración de referencia	Valor de Fondo (VF)	Valor de umbral (VU)	Valor de Fondo (VF)	Valor de umbral (VU)	Valor de Fondo (VF)	Valor de umbral (VU)
400,000	42.677	63,462	947	nd	35,179	121,821

Tabla 5.2

De nueva cuenta, los valores reportados por otras instituciones son sustancialmente más elevados que los hallados por la nueva metodología. También, los valores encontrados en esta tesis están más acorde con la literatura internacional sobre el tema, en el que se reportan hasta 106 mg/kg en valores de fondo (Davies 1990).

Las diferencias tan notables se deben a los mismos hechos expuestos en el caso del arsénico: muestreos locales en el caso del LAFQA, y prácticas estadísticas que no contemplan un universo de datos tan variable, en el caso del SGM.

5.2.2 Peligrosidad y riesgo

Los datos obtenidos expresan en lo general una alta presencia de plomo en los suelos de la región, incluso más aguda que en el caso del arsénico, ya que una mayor parte de la zona de Valle del Parral tiene presente altos contenidos del EPT en el suelo, siendo aún más significativa su presencia en la cercanía de las ciudades de Hidalgo del Parral, Santa Bárbara, Sn. Francisco del Oro, y la localidad de El Verano, al este de la zona de estudio. Las elevadas concentraciones de plomo también están íntimamente relacionadas con la proximidad de las minas.

En el caso del riesgo cualitativo identificado, este alcanza su mayor índice en las mismas zonas antes mencionadas, sobre todo en la Ciudad de Hidalgo del Parral, y desaparece totalmente en las zonas serranas y aquellas que se hallan detrás de las montañas con respecto a los depósitos de jales. Es de notar, sin embargo, que la extensión de los suelos con alta presencia de plomo ocupan una parte importante de las tierras de cultivo, mismas que son poco productivas en relación a otras similares de zonas cercanas.

5.3 Conclusiones

Mediante los resultados obtenidos se concluye que la presente metodología ofrece una alternativa de bajo costo para que las autoridades ambientales puedan conocer de manera global el estado de la contaminación del suelo en cualquier región del país e incluso el territorio completo, y de esta manera jerarquizar las regiones que requieran atención inmediata a las que no la requieren en lo absoluto. La metodología permite además realizar una cartografía del fenómeno geoquímico, ya que no se circunscribe a cuestiones meramente ambientales, sino que se puede utilizar para identificar tendencias territoriales de la presencia de ciertos elementos.

No obstante, la metodología propuesta también presentó las siguientes deficiencias: no es útil para identificar con exactitud los valores de fondo, porque el método de interpolación de los datos solo toma en cuenta una variable, y no las posibles variaciones del territorio como podrían ser tipo de suelo, topografía y litología; tampoco fue posible determinar con exactitud si la peligrosidad potencial corresponde con daños a la salud a los pobladores en las zonas seleccionadas, porque para ello se debería complementar el estudio con indagaciones sobre los problemas de salud locales y buscar correspondencias; finalmente, la metodología no ofrece una cuantificación de la vulnerabilidad que permita obtener datos complejos sobre los diferentes tipos de sociedades y sus diferentes capacidades para enfrentar la peligrosidad.

Mediante los resultados obtenidos, se estima que la metodología podría mejorar si se incluyeran mas variables en la ecuación de peligrosidad, tales como litología, topografía y edafología, aunque ello implica un grado de complejidad que excede al nivel del presente trabajo.

Capítulo 6 Referencias

- Allan, 1997, Introduction: Mining and metals in the environment, Journal of Geochemical Exploration, vol. 58 (1997), pag. 95-100

- ANM, Atlas Nacional de México / Instituto de Geografía, 2000, Atlas Nacional de México, Tomo I, Tema IV.4.2, Vientos dominante durante el Año (Estación 08-032 Hidalgo del Parral). Universidad Nacional Autónoma de México.

- Buol, F. D. Hole, R. J. McCracken, 1990, Génesis y clasificación de suelos, Trillas, México.

- CENAPRED Centro Nacional de Prevención de Desastres, 2006, Guía básica para la elaboración de Atlas estatales y municipales de peligros y riesgos, CENAPRED, México.

- CNA Comisión Nacional del Agua, 1998, Cuencas Hidrológicas, Escala 1:250000, datos vectoriales, continuo Nacional, CNA, México.

- CNA Comisión Nacional del Agua, 2002, determinación de la disponibilidad de agua en el acuífero parral-valle del verano, estado de chihuahua, CNA México.

- Davies, 1990, "Lead". Heavy metals in soils, ed. Alloway, John Willey & Sons, New York.

- Encyclopædia Britannica, Pollution, 2008 a. Ultimate Reference Suite, Chicago: Encyclopædia Britannica.

- Encyclopædia Britannica, soil. 2008 b. Ultimate Reference Suite. Chicago: Encyclopædia Britannica.

- Encyclopædia Britannica Arsenic, 2008 c. Ultimate Reference Suite, Chicago: Encyclopædia Britannica.

- FAO Food and Agriculture Organization of the United Nations, 2006, World reference base for soil resources 2006. A framework for international classification, correlation and communication. World Soil Resources Report 103, FAO, Roma.

- Gutiérrez Ruiz, Turrent M. 1995, Los residuos de la minería mexicana, en: Residuos Peligrosos en México, INE, México.

- Gutiérrez-Ruiz, F. M. Romero, G. González-Hernández, 2007, Suelos y sedimentos afectados por la dispersión de jales inactivos de sulfuros metálicos en el norte de México, Revista Mexicana de Ciencias Geológicas, v. 24, núm. 2, 2007, p. 170-184

- ICMM International Council on Mining and Metals & UK Department for Environment, Food and Rural Affairs, 2007, Metals Environmental Risk Assessment Guidance. DEFRA, MERAG fact sheets, London.

- INE Instituto Nacional de Ecología, 2001, Bases de política para la prevención de la contaminación del suelo y su remediación, INE, México.

- INE Instituto Nacional de Ecología (ed.), 2003, Introducción al análisis de riesgos ambientales, INE-SEMARNAT, México.

- INEGI Instituto Nacional de Estadística, Geografía e Informática, 1987-1996, Cartas Topográficas :
  - Instituto Nacional de Estadística, Geografía e Informática (ed.), 1996, Carta topográfica G13-A46 Huejotitán, Escala 1:50000, INEGI, México

  - Instituto Nacional de Estadística, Geografía e Informática (ed.), 1996, Carta topográfica G13-A47 Sn, Antonio del Potrero, Escala 1:50000, INEGI, México

  - Instituto Nacional de Estadística, Geografía e Informática (ed.), 1996, Carta topográfica G13-A48 El Dorado, Escala 1:50000, INEGI, México

  - Instituto Nacional de Estadística, Geografía e Informática (ed.), 1996, Carta topográfica G13-A56 San Juan, Escala 1:50000, INEGI, México

  - Instituto Nacional de Estadística, Geografía e Informática (ed.), 1996, Carta topográfica G13-A57 Santa Bárbara, Escala 1:50000, INEGI, México

  - Instituto Nacional de Estadística, Geografía e Informática (ed.), 1996, Carta topográfica G13-A58 Valle de Allende, Escala 1:50000, INEGI, México

  - Instituto Nacional de Estadística, Geografía e Informática (ed.), 1996, Carta topográfica G13-A66 Metate, Escala 1:50000, INEGI, México

  - Instituto Nacional de Estadística, Geografía e Informática (ed.), 1996, Carta topográfica G13-

A67 Providencia, Escala 1:50000, INEGI, México

- Instituto Nacional de Estadística, Geografía e Informática (ed.), 1996, Carta topográfica G13-A68 Orestes Pereyra, Escala 1:50000, INEGI, México

- INEGI Instituto Nacional de Estadística, Geografía e Informática (ed.), 1999, Conjunto de Datos Vectoriales de la Carta de Uso del Suelo y Vegetación, Continuo Nacional escala 1:250000 Serie II, INEGI, México.

- INEGI Instituto Nacional de Estadística, Geografía e Informática, 2000 a, XII Censo General de Población y Vivienda 2000: SCINCE Sistema para la consulta de información censal de Chihuahua. INEGI, México.

- INEGI Instituto Nacional de Estadística, Geografía e Informática, 2000 b, XII Censo General de Población y Vivienda 2000: SCINCE Sistema para la consulta de información censal de Durango. INEGI, México.

- INEGI Instituto Nacional de Estadística, Geografía e Informática (ed.), 2000 c, Continuo Nacional de Datos Vectoriales Edafológicos escala 1:250,000 Serie I, INEGI, México.

- INEGI Instituto Nacional de Estadística, Geografía e Informática (ed.), 2000, d Conjuntos de Datos Vectoriales de Climas, Temperatura Media Anual, Precipitación Total Anual, Evapotranspiración y Déficit de Agua, y Humedad del Suelo, Continuo Nacional escala 1:1'000,000 Serie I, INEGI, México.

- INEGI Instituto Nacional de Estadística, Geografía e Informática (ed.), 2000 e, Conjunto de Datos Vectoriales Fisiográficos. Continuo Nacional. Escala 1:1'000,000. Serie I, INEGI, México.

- INEGI Instituto Nacional de Estadística, Geografía e Informática (ed.), 2004 a, Guía para la interpretación de cartografía edafológica, INEGI, México.

- INEGI Instituto Nacional de Estadística, Geografía e Informática (ed.), 2004 b, Guía para la interpretación de cartografía geológica, INEGI, México.

- INEGI Instituto Nacional de Estadística, Geografía e Informática (ed.), 2004 c, Guía para la interpretación de cartografía climatológica, INEGI, México.

- INEGI Instituto Nacional de Estadística, Geografía e Informática (ed.), 2004 d, Guía para la interpretación de cartografía topográfica, INEGI, México.

- LAFQA Laboratorio de Análisis Físicos y Químicos Del Ambiente, Unam, 2005, Diagnóstico Ambiental de las presas de jales inactivas y zonas de influencia. Unidad Minera Santa Bárbara, Chihuahua. Inédito.

- Levin, D. S. Rubin, 1996, Estadística para administradores, Prentice Hall, México.

- Madden, M. J. Sexton, D. R. Smith, B. A. Fowler, 2002, "Lead". Heavy Metals in the Environment, ed. Bidudhendra Sarkar, Marcel Dekker, New York.

- NOM-147-SEMARNAT/SSA1-2004, Norma Oficial Mexicana que establece Criterios para determinar las Concentraciones de Remediación de Suelos Contaminados por arsénico, bario, berilio, cadmio, cromo hexavalente, mercurio, níquel, plata, plomo, selenio, talio y/o vanadio. Diario Oficial de la Federación, México, 02 de Marzo de 2007.

- Nordberg, B. Sandstorm, G. Becking, R. A. Goyer "Essentiality and toxicity of metals". Heavy Metals in the Environment, ed. Bidudhendra Sarkar, 2002, Marcel Dekker, New York.

- O'Neill P., 1990, "Arsenic". Heavy metals in soils, ed. Alloway, John Willey & Sons, New York.

- Perez-Guzmán, 1994, Condiciones de vida de los trabajadores mineros en el municipio de Santa Bárbara, Chihuahua, Tesis UNAM.

- Pena, D. E. Carter, F. Ayala-Fierro, 2001, Toxicología Ambiental: Evaluación de Riesgos y Restauración Ambiental, Southwest Hazardous Waste Program, The University of Arizona.

- Pidwirny M, 2006, Fundamentals of Physical Geography (2nd edition), University of British Columbia Okanagan, Kelowna, Canada.

- SGM Servicio Geológico Mexicano, 1999-2000, Cartas Geológico-Mineras :
  - Servicio Geológico Mexicano, 1999, Carta Geológico-Minera Sn. Antonio del Potrero G13-A47, Escala 1:50000, SGM, Pachuca, México.

  - Servicio Geológico Mexicano, 1999, Carta Geológico-Minera El Dorado G13-A48, Escala 1:50000, SGM, Pachuca, México.

  - Servicio Geológico Mexicano, 1999, Carta Geológico-Minera San Juan G13-A56, Escala 1:50000, SGM, Pachuca, México.

  - Servicio Geológico Mexicano, 1999, Carta Geológico-Minera Santa Bárbara G13-A57, Escala 1:50000, SGM, Pachuca, México.

  - Servicio Geológico Mexicano, 1999, Carta Geológico-Minera Valle de Allende G13-A58, Escala 1:50000, SGM, Pachuca, México.

  - Servicio Geológico Mexicano, 1999, Carta Geológico-Minera Metate G13-A66, Escala 1:50000, SGM, Pachuca, México.

  - Servicio Geológico Mexicano, 1999, Carta Geológico-Minera Providencia G13-A67, Escala 1:50000, SGM, Pachuca, México.

  - Servicio Geológico Mexicano, 2000, Carta Geológico-Minera Hidalgo del Parral G13-05, Escala 1:250000, SGM, Pachuca, México.

- SGM Servicio Geológico Mexicano, 2000-2003 a Cartas Geoquímicas Arsénico:
  - Servicio Geológico Mexicano, 2000, Carta Geoquímica por Arsénico Sn. Antonio del Potrero G13-A47, Escala 1:50000, SGM, Pachuca, México.

  - Servicio Geológico Mexicano, 2000, Carta Geoquímica por Arsénico El Dorado G13-A48, Escala 1:50000, SGM, Pachuca, México.

  - Servicio Geológico Mexicano, 2000, Carta Geoquímica por Arsénico San Juan G13-A56, Escala 1:50000, SGM, Pachuca, México.

  - Servicio Geológico Mexicano, 2000, Carta Geoquímica por Arsénico Santa Bárbara G13-A57, Escala 1:50000, SGM, Pachuca, México.

- Servicio Geológico Mexicano, 2000, Carta Geoquímica por Arsénico Valle de Allende G13-A58, Escala 1:50000, SGM, Pachuca, México.

- Servicio Geológico Mexicano, 2000, Carta Geoquímica por Arsénico Metate G13-A66, Escala 1:50000, SGM, Pachuca, México.

- Servicio Geológico Mexicano, 2000, Carta Geoquímica por Arsénico Providencia G13-A67, Escala 1:50000, SGM, Pachuca, México.

- Servicio Geológico Mexicano, 2000, Carta Geoquímica por Arsénico Hidalgo del Parral G13-05, Escala 1:250000, SGM, Pachuca, México.

- SGM Servicio Geológico Mexicano, 2000-2003 b Cartas Geoquímicas Plomo:
    - Servicio Geológico Mexicano, 2000, Carta Geoquímica por Plomo Sn. Antonio del Potrero G13-A47, Escala 1:50000, SGM, Pachuca, México.

    - Servicio Geológico Mexicano, 2000, Carta Geoquímica por Plomo El Dorado G13-A48, Escala 1:50000, SGM, Pachuca, México.

    - Servicio Geológico Mexicano, 2000, Carta Geoquímica por Plomo San Juan G13-A56, Escala 1:50000, SGM, Pachuca, México.

    - Servicio Geológico Mexicano, 2000, Carta Geoquímica por Plomo Santa Bárbara G13-A57, Escala 1:50000, SGM, Pachuca, México.

    - Servicio Geológico Mexicano, 2000, Carta Geoquímica por Plomo Valle de Allende G13-A58, Escala 1:50000, SGM, Pachuca, México.

    - Servicio Geológico Mexicano, 2000, Carta Geoquímica por Plomo Metate G13-A66, Escala 1:50000, SGM, Pachuca, México.

    - Servicio Geológico Mexicano, 2000, Carta Geoquímica por Plomo Providencia G13-A67, Escala 1:50000, SGM, Pachuca, México.

    - Servicio Geológico Mexicano, 2000, Carta Geoquímica por Plomo Hidalgo del Parral G13-05, Escala 1:250000, SGM, Pachuca, México.

- SGM Servicio Geológico Mexicano, 2003, Informe final complementario de la carta Geológico-Minera y Geoquímica Santa Bárbara g13-a57 escala 1:50000, SGM, Pachuca.

- SGM Servicio Geológico Mexicano, 2007, Monografía geológico-minera del estado de Chihuahua. Secretaría de Economía / SGM , Pachuca, México.

- Strahler, A. H. Strahler, 1989, Geografía Física (3ra. Edición), Ediciones Omega, Barcelona.

- USEPA US Environment Protection Agency 2008a Arsenic, Compounds Hazard Summary, disponible en: http://www.epa.gov/ttn/atw/hlthef/arsenic.html

- USEPA US Environment Protection Agency 2008b, Lead in Paint, Dust, and Soil, disponible en: http://www.epa.gov/lead/pubs/403risk.htm

- USGS US Geological Survey, 1984, Element concentrations in soils and other materials of the conterminous United States, US Geological Survey, Washington.

- Volke, J. A. Velasco y D. A. de la Rosa, 2005, Suelos contaminados por metales y metaloides: muestreo y alternativas para su remediación, Instituto Nacional de Ecología INE, México.

| Suelos contaminados con elementos potencialmente tóxicos. Un nuevo método de detección |

| 63 |

Capítulo 7 Anexo de datos

No de Muestra	UTM 13N Este	UTM 13N Norte	As (ppm)	Pb (ppm)
46161	394952	2989467	16,990	23,400
47164	424287	2991328	6,690	38,880
47165	424406	2990216	8,430	39,210
47202	423361	2988417	9,090	39,550
47203	424419	2987901	9,240	39,580
47204	425385	2988536	12,550	50,132
57128	429582	2982894	17,902	86,573
57130	426063	2981095	22,743	98,230
57131	428113	2981267	23,469	251,480
57132	429370	2981955	84,746	738,940
47185	433679	2990878	7,360	21,530
58003	440941	2986460	18,510	26,610
58004	442664	2986460	22,210	35,850
58005	444221	2986482	269,200	1088,400
47179	427237	2990732	8,360	28,984
47184	431417	2991367	9,353	30,430
47205	426827	2989502	10,840	30,709
47206	427422	2988034	11,066	34,630
47207	428639	2989608	11,524	34,863
47208	431735	2989357	12,072	36,732
47209	431153	2988285	12,072	38,670
47210	432423	2988510	12,113	40,296
47211	433256	2987002	12,876	43,357
57083	416749	2979309	14,890	44,715
57086	417808	2978661	15,440	45,209
57087	418985	2977854	15,599	45,210
57089	417874	2976492	16,600	46,261
57112	420453	2980196	17,628	47,504
57113	419951	2979547	18,552	48,230
57114	421856	2980143	19,460	48,660
57115	423073	2979389	20,520	49,137
57116	422835	2977021	20,942	52,820
57125	428325	2983477	21,517	54,228
57129	424845	2979918	22,360	57,603
57133	423523	2977563	22,510	61,490
57134	427108	2977695	22,887	65,215
57135	429092	2978449	25,170	68,900
57136	428087	2976981	25,588	73,660
57145	432055	2986228	26,200	74,756
57146	432889	2985699	28,000	77,830
57147	431103	2984045	28,029	108,840
57148	433749	2983794	28,379	115,350
57150	431989	2977153	29,883	126,080
57154	431407	2972047	30,753	151,730
57155	433643	2972047	32,450	157,470
57156	433590	2971822	35,510	311,880
57157	430878	2971901	43,600	387,770

No de Muestra	UTM 13N Este	UTM 13N Norte	As (ppm)	Pb (ppm)
57163	429290	2985686	48,424	551,590
57165	424316	2981929	49,653	644,480
58001	437350	2984692	59,074	685,290
58002	437539	2984525	83,081	1177,300
58015	438205	2976328	88,353	1386,800
58016	440237	2974112	112,090	2454,400
58017	439656	2972201	292,900	2544,300
58018	439656	2971487	343,800	2972,900
58035	440261	2968838	418,870	3381,900
58036	442511	2968027	4791,630	7323,600
67003	403783	2953312	1,740	23,860
67005	404378	2952876	3,100	30,050
67006	406230	2951262	3,570	32,300
67007	409246	2951275	7,050	33,530
67090	406958	2949621	7,620	36,610
67091	409154	2948907	17,580	43,830
67094	417567	2942054	29,840	52,330
57160	432214	2962111	7,940	10,940
57161	430719	2960484	8,840	31,200
57162	431341	2959982	10,220	31,944
67045	426629	2952651	10,288	32,523
67046	425148	2951063	11,820	35,198
67047	423931	2952082	11,930	38,010
67054	426775	2957149	17,005	39,000
67056	427926	2957308	18,919	43,290
67062	431313	2957308	21,030	45,060
67063	430016	2957453	22,310	45,518
67064	432067	2957837	22,520	48,610
67065	433125	2957387	35,224	48,810
67066	433522	2955985	35,470	49,022
67067	433138	2954516	43,060	50,040
67068	433191	2954185	47,240	51,080
67069	432000	2953934	56,070	55,820
67070	432014	2953537	56,090	57,491
68126	435668	2958300	79,060	63,920
68127	437097	2956679	93,720	96,270
68128	437934	2956473	258,519	124,170
57091	418138	2970380	9,540	25,126
57097	417808	2970261	20,414	34,784
57117	419871	2970882	21,417	37,009
57118	419964	2970274	36,481	42,047
57122	418376	2961807	38,620	47,796
57123	422385	2965353	44,724	51,580
57124	421882	2963778	104,093	52,907
57138	425216	2965405	121,480	114,370
57139	424475	2964202	196,816	809,320
57140	426658	2964413	206,409	1698,800

No de Muestra	UTM 13N Este	UTM 13N Norte	As (ppm)	Pb (ppm)	No de Muestra	UTM 13N Este	UTM 13N Norte	As (ppm)	Pb (ppm)
57144	427372	2962985	326,047	2689,800	67113	425452	2943827	34,640	38,470
57166	420731	2962376	656,050	2800,100	67114	425465	2945123	34,700	39,400
57021	402501	2969335	5,060	15,280	67115	425597	2946711	36,050	40,700
57022	402184	2969189	5,870	15,410	67116	427502	2946341	37,970	41,530
57023	401668	2966967	5,950	19,830	67117	427701	2947994	38,220	41,760
57024	405412	2964175	6,200	20,950	67118	428852	2946737	41,450	42,820
57025	401231	2963778	6,530	21,610	67119	428481	2946049	41,740	44,200
57026	400887	2962667	6,791	21,710	67120	429116	2945137	41,930	44,560
57027	401311	2961291	7,030	22,080	67121	429897	2943642	47,080	45,190
57028	402700	2959439	7,043	23,650	67122	427886	2942107	47,340	47,910
57029	405306	2962363	7,080	23,740	67124	430730	2942411	52,820	49,120
57030	405465	2961119	7,506	23,766	67126	433376	2941962	53,600	50,730
57065	408666	2965617	7,530	24,120	67127	432305	2943840	55,390	55,520
57068	410875	2961675	7,550	24,700	67128	431921	2944674	60,810	57,230
57069	407264	2961463	7,919	24,940	67129	431352	2945653	62,360	57,410
57070	407079	2960815	8,183	24,960	67130	431815	2946579	91,650	60,100
57071	409605	2959254	8,409	25,190	67131	433376	2945904	117,210	60,490
67008	408968	2953114	8,480	25,872	67132	431048	2950005	592,420	1209,700
67009	408294	2955045	8,500	25,919	66060	397353	2951500	2,430	13,760
67010	407989	2956209	8,955	25,992	66061	397803	2950217	2,930	17,040
67011	406825	2957882	9,450	26,030	66127	394734	2943271	3,410	23,750
67012	408231	2957861	10,617	26,150	66128	395303	2944475	3,420	25,570
67013	410662	2954463	10,914	26,250	66131	396440	2949939	3,630	26,810
67014	411284	2952267	11,250	26,370	66132	396798	2946645	3,910	28,020
67015	411786	2951090	11,476	26,630	66133	397882	2945520	4,010	32,260
67016	414115	2950640	11,520	27,080	66134	398213	2945031	4,050	35,250
67017	416165	2951910	11,560	28,584	66135	396639	2943920	5,070	36,620
67018	416985	2952466	11,910	30,225	66136	398279	2943033	5,100	39,440
67019	414882	2953696	11,940	30,500	67076	401401	2942345	9,390	40,880
67020	414445	2953590	14,031	31,071	56098	394767	2975319	9,770	30,570
67021	413982	2954979	14,437	31,209	56099	396262	2974909	12,130	34,990
67022	413546	2955270	15,570	32,327	56100	397062	2972600	35,340	44,020
67023	413956	2956712	15,850	32,540	46165	394833	2987496	27,920	31,130
67024	415676	2955138	18,260	33,030	56044	394727	2986656	35,880	37,930
67025	416893	2957215	18,382	33,030	46160	395146	2991483	6,000	21,005
67026	418216	2955720	18,820	33,600	46162	396053	2991411	6,990	21,920
67027	418467	2955522	18,880	33,850	46163	397058	2988404	7,040	23,110
67028	418970	2955614	19,165	34,900	46164	398550	2987496	7,110	23,930
67029	419472	2956606	19,320	36,010	47125	402353	2991698	7,190	24,140
67030	419075	2957969	20,200	36,124	47127	404522	2991711	7,670	24,186
67097	414882	2948894	22,090	36,170	47137	406366	2990573	8,636	24,300
67098	415649	2948973	23,750	36,398	47138	409126	2991434	8,710	24,584
67103	419353	2948391	25,630	36,494	47139	410687	2990970	8,710	24,981
67104	419102	2949899	25,780	36,660	47155	417765	2990918	8,890	25,028
67105	420782	2948748	26,350	37,560	47186	403471	2988508	9,000	25,355
67107	424195	2946327	29,470	38,100	47187	405467	2989008	9,122	25,426
67108	423468	2945454	33,020	38,389	47188	406814	2989470	9,190	25,449

No de Muestra	UTM 13N Este	UTM 13N Norte	As (ppm)	Pb (ppm)	No de Muestra	UTM 13N Este	UTM 13N Norte	As (ppm)	Pb (ppm)
47189	407711	2987782	9,198	25,519	57015	404314	2972933	17,550	33,566
47190	411851	2988748	9,480	26,190	57016	401231	2970843	17,560	33,570
47191	412582	2986890	9,690	26,665	57017	402845	2971901	17,786	33,660
47192	412936	2989251	9,800	26,710	57018	403031	2971557	18,268	33,916
47193	413429	2986969	9,990	26,736	57019	405438	2971319	18,453	33,940
47194	414259	2988444	10,030	27,114	57020	405068	2971028	18,602	33,950
47195	415119	2989502	10,060	27,222	57031	407406	2985914	18,915	33,970
47196	414659	2986876	10,260	27,502	57032	408027	2985193	19,180	34,230
47197	415770	2986863	10,276	27,742	57033	408861	2985753	19,230	34,290
47198	418148	2989833	10,469	28,069	57034	409468	2985541	19,340	34,460
47199	418998	2986744	10,730	28,350	57035	409417	2984752	19,590	34,619
47200	419646	2986744	10,880	28,841	57036	411563	2985051	19,887	34,886
47201	422186	2986731	10,920	28,870	57037	406669	2982431	20,128	35,050
56042	396540	2981431	11,000	28,962	57038	406682	2981863	20,160	35,160
56043	395957	2983521	11,603	29,075	57042	408269	2980606	20,446	35,624
56045	397333	2984765	11,640	29,200	57046	406250	2979046	20,450	35,760
56046	398683	2983138	11,758	29,417	57047	407727	2979376	20,730	36,070
56047	399204	2986393	11,870	29,549	57048	406610	2978912	20,826	36,092
56048	400345	2984720	12,200	30,240	57049	408177	2976690	20,904	36,820
56049	400491	2981730	12,300	30,364	57051	408256	2974216	21,007	36,820
56101	397446	2970113	12,359	30,370	57052	406669	2974176	21,235	37,142
56102	398504	2970457	12,889	30,560	57053	408243	2973383	21,681	37,420
56103	399199	2973956	12,911	30,750	57054	409288	2973568	22,273	37,530
56104	397915	2974790	13,070	30,830	57057	409288	2972033	22,404	37,700
56105	397036	2976596	13,217	31,010	57058	410254	2971372	22,653	37,744
56106	395700	2977429	13,440	31,024	57059	409142	2971385	22,869	38,230
56107	396123	2977905	13,599	31,110	57060	411801	2971597	23,157	38,350
56108	397406	2977654	13,779	31,415	57061	408997	2969268	23,288	38,390
56109	400459	2976382	13,890	31,485	57062	411643	2969268	24,320	38,402
56162	394998	2966078	14,140	31,520	57063	408626	2969268	24,563	38,570
56163	396149	2966224	14,156	31,660	57064	411907	2968845	24,764	38,619
56164	398636	2967229	14,825	31,841	57066	411061	2966067	25,462	38,746
56165	400557	2966543	14,870	31,890	57067	411934	2965908	25,490	38,840
57001	401284	2985527	14,903	32,029	57072	413363	2985315	25,848	38,910
57002	402184	2984204	15,096	32,050	57075	414394	2982961	26,191	39,180
57003	405424	2986797	15,150	32,131	57076	417358	2983609	26,310	39,320
57004	404433	2984231	15,412	32,239	57077	417728	2983093	27,526	39,440
57005	402250	2982815	15,705	32,530	57079	414262	2982140	27,617	39,498
57006	402144	2983014	15,810	32,560	57082	417040	2980937	27,751	39,590
57007	405465	2982511	15,827	32,620	57085	413005	2977246	27,790	39,718
57008	402210	2980050	16,627	32,660	57093	414778	2971306	28,143	39,812
57009	405108	2980197	16,720	32,835	57094	412304	2968805	28,750	40,190
57010	403441	2978211	16,752	32,967	57095	413257	2968065	29,395	40,300
57011	405285	2978866	16,870	33,060	57096	413455	2966940	29,470	40,457
57012	403586	2976531	17,048	33,089	57098	413336	2965644	30,541	40,490
57013	405425	2974732	17,155	33,410	57099	415559	2964823	30,695	40,562
57014	404539	2974176	17,495	33,500	57100	414275	2963567	31,000	41,145

No de Muestra	UTM 13N Este	UTM 13N Norte	As (ppm)	Pb (ppm)
57101	414262	2962998	31,813	41,371
57102	416538	2963289	32,220	41,894
57103	415889	2962191	32,934	42,104
57104	413310	2961635	33,160	42,140
57105	415387	2961172	33,340	42,409
57106	419660	2984680	34,561	43,026
57107	420916	2984244	34,800	43,070
57108	422742	2983503	35,027	44,340
57109	420930	2982736	35,645	44,711
57110	421935	2982828	35,792	45,090
57111	423073	2982577	35,960	45,130
57119	418720	2967826	37,537	45,362
57120	418495	2966318	38,210	45,830
57121	418204	2963090	39,360	47,796
57126	422517	2962693	40,320	47,870
57127	421221	2961172	40,453	48,220
57141	425705	2961847	40,720	48,230
57143	425798	2961040	43,060	48,799
57144	428378	2962389	43,230	48,999
57159	429568	2961807	43,954	49,610
57164	424726	2982193	45,240	49,680
57167	423311	2962363	46,110	50,808
67031	420584	2953815	49,620	51,027
67032	421920	2952201	51,430	51,970
67033	422674	2952532	53,630	52,270
67034	422052	2954133	57,859	52,280
67035	421576	2956143	64,980	52,997
67036	422052	2958511	65,020	55,210
67037	422991	2957083	69,760	55,675
67038	424526	2957400	69,834	58,190
67039	424076	2956090	74,230	67,351
67040	424169	2954887	76,657	68,120
67041	425717	2954939	88,460	68,688
67042	425399	2953961	88,860	72,220
67043	426153	2953828	91,140	75,300
67044	425650	2953405	98,200	80,850
67048	423984	2950256	105,140	92,390
67049	424896	2950296	125,540	95,330
67050	429315	2950786	133,620	106,060
67051	428653	2954066	141,620	151,830
67052	429011	2954093	162,605	174,550
67053	427370	2955482	175,460	363,560
67055	425955	2957810	206,409	379,070
67057	429302	2956262	207,352	553,290
67058	429527	2955786	233,766	607,580
67059	430214	2955151	248,994	612,600
67060	431021	2955111	265,020	621,550

No de Muestra	UTM 13N Este	UTM 13N Norte	As (ppm)	Pb (ppm)
67061	431352	2956355	319,013	635,190
67133	431405	2950230	425,535	778,460
67134	433601	2949608	591,490	1061,500
68135	434901	2951053	607,205	1141,100
68136	439394	2948285	620,571	6466,400
57039	408785	2982326	6,754	20,256
57040	411378	2982881	6,817	23,648
57041	411469	2982963	7,005	24,935
57043	409248	2981413	7,184	25,098
57044	409354	2981201	7,381	28,373
57045	409341	2980646	8,792	29,520
57050	411841	2977497	9,136	29,566
57055	411709	2973330	9,302	29,613
57056	411881	2973065	9,307	32,350
57073	412794	2984138	9,730	34,687
57074	413019	2983781	17,752	35,695
57078	412013	2982352	19,146	37,470
57080	413270	2981611	24,389	46,114
57081	413005	2981281	25,536	47,513
57084	412238	2978106	30,930	52,162
57088	414408	2975711	33,020	53,461
57090	413217	2973449	35,804	63,468
57092	411910	2972083	38,859	72,066
57137	427557	2975671	46,096	76,691
57149	430389	2976756	63,196	86,826
57151	432809	2976029	63,294	102,070
57152	430071	2975896	109,461	337,650
57153	429515	2972562	175,289	498,550
57158	430296	2970631	186,336	645,880
56166	398451	2962083	4,850	23,010
56167	399999	2961065	5,020	25,030
66055	398557	2958088	5,340	26,430
66056	398901	2956673	5,860	26,540
66057	400105	2956342	7,070	28,730
66058	397882	2955548	7,180	32,890
66059	398557	2953762	7,820	33,000
66064	400131	2954159	7,980	34,950
67001	402023	2956329	8,340	35,450
67002	402473	2954635	9,110	36,350
67004	403915	2956474	9,450	46,630
58033	438035	2966563	21,180	28,210
58034	438458	2967507	44,250	62,160
58039	439184	2964894	461,000	3134,000
67071	432463	2953550	12,300	30,772
68134	443491	2949834	22,032	45,600
67095	418943	2943840	4,880	17,230
67096	420293	2943867	5,930	18,410

No de Muestra	UTM 13N Este	UTM 13N Norte	As (ppm)	Pb (ppm)
67099	416430	2948325	9,260	26,270
67100	416707	2948325	11,460	27,570
67101	417144	2947849	12,030	27,610
67102	417501	2946976	12,610	27,910
67106	420107	2944846	18,810	29,520
67109	423110	2943113	27,330	30,800
67111	424817	2942187	30,690	31,690
67112	426232	2941882	63,210	33,580
66062	398941	2950627	2,720	19,090
66063	399827	2951698	3,510	20,700
66139	400250	2943867	3,530	20,990
66140	400290	2944766	3,550	21,340
66141	400237	2946182	3,740	21,990
66142	400250	2946909	3,990	23,010
66143	399523	2947756	4,000	24,660
66144	400343	2948669	4,150	25,200
67072	403663	2949979	4,240	26,300
67073	404074	2948113	4,830	26,450
67074	401745	2944264	5,040	26,750
67075	401851	2943721	5,090	26,850
67078	404021	2942134	5,370	28,180
67081	404735	2944012	5,640	28,880
67082	405092	2944012	5,770	29,360
67083	404550	2944330	5,820	30,990
67084	407262	2942306	6,270	33,580
67087	409193	2943523	6,400	33,980
67088	408294	2944779	6,920	34,910
67089	406931	2945706	9,630	35,020
67092	411442	2943536	23,530	35,540

Los datos sombreados no se incluyeron en el proceso estadístico por presentar valores anómalos.

Printed in the United States
By Bookmasters